MARCELO LYOUMAN
O TREINADOR DOS TREINADORES

SEJA UM
TREINADOR
DE
PESSOAS

APRENDA A DESENVOLVER TREINAMENTOS DE ALTO IMPACTO, ESTABELEÇA CONFIANÇA E ENGAJE E TRANSFORME SEU PÚBLICO

Diretora
Rosely Boschini

Gerente Editorial Sênior
Rosângela de Araujo Pinheiro Barbosa

Editor Assistente
Alexandre Nuns

Assistente Editorial
Rafaella Carrilho

Produção Gráfica
Fábio Esteves

Preparação
Gleice Couto

Capa
Mariana Ferreira

Tratamento de Foto (orelha)
Sérgio Luis de Carvalho

Projeto Gráfico e Diagramação
Karina Groschitz

Revisão
Renato Ritto e Algo Novo Editorial

Impressão
Rettec

CARO LEITOR,
Queremos saber sua opinião sobre
nossos livros.
Após a leitura, curta-nos no
facebook.com/editoragentebr, siga-nos
no Twitter @EditoraGente e no
Instagram @editoragente e visite-nos
no site www.editoragente.com.br.
Cadastre-se e contribua com sugestões,
críticas ou elogios.

Copyright © 2021 by Marcelo Lyouman
Todos os direitos desta edição
são reservados à Editora Gente.
Rua Original, 141/143 – Sumarezinho
São Paulo, SP– CEP 05435-050
Telefone: (11) 3670-2500
Site: www.editoragente.com.br
E-mail: gente@editoragente.com.br

Dados Internacionais de Catalogação na Publicação (CIP)
Angélica Ilacqua CRB-8/7057

Lyouman, Marcelo
    Seja um treinador de pessoas : aprenda a desenvolver
treinamentos de alto impacto, estabeleça confiança, engaje
e transforme seu público / Marcelo Lyouman. – São Paulo :
Editora Gente, 2021.
    208 p.

ISBN 978-65-5544-162-8

1. Desenvolvimento pessoal 2. Treinamento de pessoal
3. Liderança I. Título

21-3949   CDD 158.1

Índice para catálogo sistemático:

1. Desenvolvimento pessoal

NOTA DA PUBLISHER

Quem tem paixão por aprender sabe da importância que é repassar o conhecimento, ou seja, ensinar. Marcelo Lyouman é mestre nisso.

Fico impressionada com sua capacidade de levar seus mentorados a avançar, de fornecer os fundamentos certeiros para o sucesso. É – como eu costumo dizer – um "efeito dominó do bem": Marcelo impacta seus mentorados que, por sua vez, impactam milhares de vidas. Não à toa muitos dos consultores e palestrantes mais bem-sucedidos do país passaram por seus treinamentos.

A missão que Marcelo empreende requer não só extrema força de vontade, como também talento e generosidade. Estudioso e consistente, esse autor traz aqui um método fantástico, eficaz e disruptivo.

Seja presencialmente ou em formato on-line, as ferramentas que Marcelo traz em *Seja um treinador de pessoas* podem ser aplicadas pelo leitor – sem contraindicações – em qualquer área.

Aproveite a leitura!

Rosely Boschini – CEO e publisher da Editora Gente

Dedico este livro à minha esposa e mentora, Bianca Lyouman, que está ao meu lado em todos os instantes, me apoiando com amor, carinho e dedicação; à minha princesa Stephanie Lyouman, que trouxe luz e felicidade para nossas vidas, e aos meus gatos Crystal, Lia, Lion, Bruna Michaela, Ana Maria, Trinity, Tiger, Euro e Nico Panda, meus fiéis companheiros.

AGRADECIMENTOS

Agradeço a todas as pessoas que, de uma forma ou outra, me apoiaram e ajudaram a transformar meus sonhos em realidade.

Primeiramente, agradeço aos meus pais, Valdir e Regina, por terem me ensinado valores tão importantes para a vida.

Agradeço aos meus sogros, Paulo e Núbia, por terem me acolhido como filho e me dado o privilégio de fazer parte desta maravilhosa família.

Aos meus irmãos queridos, Marcos e Mariana, pelo amor e dedicação em todos os instantes.

Aos meus grandes amigos Simone, Joici e Velasco, por terem acreditado em meus sonhos desde o início.

E, finalmente, à fantástica família do Instituto Lyouman. Pessoas maravilhosas, comprometidas com o ser humano. Ajudam sem olhar a quem. Trabalham conjugando a solidariedade, a verdade, a confiança, a harmonia, a transparência, o reconhecimento, a segurança, a alegria, a paixão, a persistência, o respeito, a liberdade, a lealdade, a ética e a realização. O que eles fazem não é trivial.

Um grande e sincero muito obrigado!

SUMÁRIO

10 PREFÁCIO
14 INTRODUÇÃO

---

20 PARTE I: A MISSÃO
23 ENTENDENDO O MERCADO
29 ENTENDENDO O PROCESSO DE TRANSFORMAÇÃO
35 ENTENDENDO OS PERIGOS

---

42 PARTE II: O ALICERCE
45 ROTEIRIZAÇÃO DE UM TREINAMENTO
65 ESCUDERIA
71 BUSINESS ESTRATÉGICO
85 CONEXÃO

91 *ROCK THE STAGE*

105 OS EVENTOS

124 PARTE III: O BUSINESS

127 NASCE O TREINADOR

141 EVOLUÇÃO RÁPIDA

155 O PRÓXIMO NÍVEL

173 O INSTITUTO

185 A PIVOTAGEM

204 CONCLUSÃO

PREFÁCIO

BIANCA LYOUMAN

ENTRE TUBARÕES, GOLFINHOS E SEREIAS

Imagine que você pratica surfe nos finais de semana. E que, um dia, está no mar, longe da costa, e vê uma barbatana se aproximando. É um imenso tubarão. Não estou usando metáfora alguma aqui. Essa é uma história real que li em um livro.[1] Primeiro, o surfista ficou paralisado diante daquela visão aterrorizante – o animal devia ter 4 metros de comprimento – e, assim, perdeu a onda que poderia levá-lo rapidamente para a praia são e salvo. O animal tentou morder uma de suas pernas, mas não conseguiu encaixar a mordida. Então, o surfista ficou boiando de barriga para baixo segurando na prancha, sempre colocando a prancha entre ele e a boca do animal. Tomado pela raiva, o homem começou a atacar o tubarão com a parte pontuda da prancha, enfurecendo o bicho. Até que conseguiu recuperar o controle sobre si mesmo e entendeu que ser devorado seria uma questão de tempo. Assim, avisou os outros surfistas do perigo e jogou todas as suas fichas, nadando em direção à praia como nunca antes. Conseguiu salvar-se e ainda foi celebrado pelos colegas do esporte.

Agora, sim, passo à metáfora. Todos nós enfrentamos tubarões nos mares que navegamos, sejam profissionais ou pessoais. Pode ser aquele chefe que o põe para baixo e/ou o desconsidera em uma promoção. Talvez seja o *bullying* que um filho tenha sofrido na escola.

---

1   BRADBERRY, T.; GREAVES, J. **Inteligência emocional 2.0.** Você sabe usar a sua? Rio de Janeiro: Alta Books, 2018.

O fato é que todos nós precisamos desenvolver inteligência emocional (IE) para lidar com essas questões no dia a dia – a mesma inteligência emocional que permitiu ao surfista salvar-se. A IE, porém, é apenas uma das metodologias que podem nos ajudar. Há várias outras à disposição, como o coaching, a programação neurolinguística (PNL), a hipnose etc. Todos precisamos nos desenvolver para melhorarmos como seres humanos.

Vou mais longe: precisamos de desenvolvimento humano não só por causa das ameaças dos tubarões, mas para aproveitar também os golfinhos, que são as oportunidades crescentes. Hoje, já são as *soft skills*, as habilidades de relacionamento, que mais contribuem para nosso sucesso – como a resiliência, a empatia, a colaboração, a comunicação. Você já deve ter ouvido que as pessoas são contratadas por suas habilidades técnicas (as *hard skills*) e promovidas (ou demitidas) por suas *soft skills*, não? Neste mundo rapidamente transformado pelas tecnologias, o futuro próximo para o trabalho é aquele em que as habilidades humanas nos diferenciam mais ainda uns dos outros e também nos distinguem das máquinas – estou falando do poder de influenciar, da capacidade de inspirar confiança e da liderança que mobiliza, para citar apenas algumas. Em outras palavras, é nosso estágio de desenvolvimento humano que nos fornece as maiores oportunidades de destaque e sucesso.

Não são só ameaças e oportunidades que estão à vista. Além de tubarões e golfinhos, há também os sonhos, aqueles que às vezes parecem impossíveis de se alcançar, os quais poderíamos chamar de "sereias". Não necessariamente um sonho está nítido em nossa cabeça, pode esconder-se bem no fundo de nosso oceano interno. Ao menos, foi o que aconteceu com o Marcelo em 2003, e comigo mais fortemente em 2008. Marcelo era dono de algumas empresas de tecnologia, mas não estávamos felizes. Nossos sonhos eram vagos, eram um canto de sereia indefinido: queríamos fazer bem ao mundo e sermos felizes, mas nada era palpável.

PREFÁCIO • 13

De repente, um livro sobre o inconsciente parou em minhas mãos. Marcelo passou por uma experiência importante com um treinador de líderes, e ambos resolvemos estudar profundamente duas áreas ligada a isso: programação neurolinguística (PNL) e coaching. A partir de 2003, fizemos cursos e nos tornamos trainers. Ao treinar os outros, realmente entendemos a importância do desenvolvimento humano. Estudamos em diversos institutos, no Brasil e no exterior, e com algumas das maiores autoridades dessas áreas, para adquirir base teórica além de experiência prática. Contamos com muita ajuda das nossas famílias, em especial de uma prima minha e de meu cunhado, o irmão do Marcelo. Sete anos mais tarde, em 2009, fundávamos nosso instituto e consolidávamos nosso sonho, que deixava de ser uma sereia inalcançável. Na verdade, realizamos dois sonhos – o do instituto e o da nossa família. Chegou uma pequena sereia de verdade, nossa amada filha Stephanie.

Enquanto Marcelo escrevia *Seja um treinador de pessoas*, eu ponderava sobre a responsabilidade da sua tarefa: este livro pode inspirar em muitos leitores a mesma transformação pessoal que aquele livro sobre o inconsciente inspirou em nós. Espero que isso aconteça. Torço para que este conteúdo toque a sua vida. Que você se torne um trainer e, assim, inspire outras pessoas a alavancarem suas *soft skills*, a fim de lidarem melhor com as ameaças dos tubarões metafóricos, agarrarem os golfinhos das oportunidades, perseguirem os próprios sonhos em forma de sereias. Desejo que você, como trainer, desenvolva seu potencial ao máximo e ajude outras pessoas a fazerem o mesmo – graças a você, elas descobrirão quem realmente são, o que querem e como podem ser mais felizes.

Para finalizar, compartilho com você um desejo meu: que surjam mais e mais trainers de desenvolvimento humano e que juntos possamos promover uma verdadeira revolução de *soft skills* no Brasil, de Norte a Sul, tornando nosso país mais competitivo justamente naquilo em que se destaca nossa cultura – as nossas habilidades humanas. Boa leitura!

INTRODUÇÃO

APOIANDO A MUDANÇA DE MODELOS MENTAIS

O ano de 2020 talvez seja lembrado como aquele que dividiu a História em duas eras: antes e depois do Sars-CoV-2. O planeta já viveu várias epidemias e pandemias no passado, além de guerras e tragédias ambientais, mas nada teve o alcance e o impacto da covid-19 – até porque isso só seria possível em um mundo globalizado e hiperconectado pelas tecnologias, condição que a Terra desenvolveu mais recentemente.

Vamos, então, conversar com sinceridade? Tendo em vista as mudanças decorrentes da pandemia, as já ocorridas e as que ainda virão, você acha que seu modelo mental é adequado para lidar com os desafios do presente e do futuro? Acredita que conseguirá responder bem às situações previsíveis e imprevisíveis que estão a caminho?

Existem várias metodologias que buscam ajudar as pessoas a responder "sim" a perguntas como essas.

Uma dessas abordagens é a PNL,[2] a programação neurolinguística, que entrou em cena nos anos 1970, na Califórnia, com o objetivo de mapear nossos padrões linguísticos e cognitivos e, assim, fazer com que estes parem de nos limitar e comecem a nos empoderar. A PNL foi rapidamente associada à geração de otimismo e autoconfiança e à capacidade de persuasão dos outros.

---

2   PROGRAMAÇÃO Neurolinguística (PNL), a arte da excelência humana. **Sociedade Brasileira de Programação Neurolinguística** [s.d.]. Disponível em: https://www.pnl.com.br/pnl. Acesso em: 20 set. 2021.

Outra metodologia é o coaching executivo,[3] que também nasceu nos anos 1970, pelas mãos de um treinador de tênis, Tim Gallwey, quando também atuava na Califórnia. Nos últimos tempos, o coaching ganhou muito espaço no ambiente de negócios do Brasil: primeiro visto como o último recurso para "consertar" um profissional antes da iminente demissão, tornou-se uma das ferramentas favoritas dos gestores brasileiros para o autoconhecimento, uma maneira de maximizar resultados com aquilo que cada um tem a seu dispor interna e externamente.

Estamos falando de dois conjuntos de conhecimentos fabulosos para a transformação e a evolução pessoal, do mesmo modo como são a hipnose ericksoniana, a inteligência emocional, o renascimento etc. Há, porém, um aspecto muito importante comum a todas essas técnicas e que talvez seja frequentemente esquecido: quem as aplica. Eu me refiro ao trainer, ou treinador de desenvolvimento humano. O tamanho da autoridade gerada pelo treinador traz confiança profunda nas pessoas. Parafraseando o especialista em gestão Jim Collins, eu diria "primeiro quem, depois o quê" (*first who, then what*).[4] O trainer detém o conhecimento sobre as variadas técnicas e sabe quando intervir usando uma ferramenta ou outra para determinado cliente. Ele é o catalisador da transformação pessoal.

Este é um livro para transformar pessoas em treinadores de desenvolvimento humano, a fim de que possam ajudar outras a responderem positivamente àquelas perguntas iniciais. É um livro para transformar treinadores comuns em trainers de alto impacto – ou trainers black, como gostamos de chamá-los no Instituto Lyouman. Também é um livro para fazer ambas as coisas de modo mais acelerado do que o usual. Queremos que você comece a brilhar imediatamente e não precise esperar cinco a dez anos para tornar-se referência.

---

3   **MANUAL do Executivo Coaching**. 2. ed. Brasília: Editora Saphi, 2019.
4   FIRST who, then what. **Jim Collins** [s.d.]. Disponível em: https://www.jimcollins.com/concepts/first-who-then-what.html. Acesso em: 20 set. 2021.

Para acelerar o êxito em sua nova vida de trainer, dividi o livro em três partes:

- Parte I – A missão: Descrevo o mercado no qual entrará, com suas oportunidades e armadilhas, definindo o processo fundamental para quem quer se tornar um treinador;
- Parte II – Os segredos da jornada do treinador: Compartilho seis segredos, por meio do meu conhecimento em técnicas e conteúdo, que farão você acelerar o impacto sobre os clientes e, portanto, acelerar seu sucesso como treinador;
- Parte III – O business dos treinamentos: Proponho que sua nova vida de trainer se estabeleça principalmente por meio de eventos e indico o passo a passo da montagem de seu próprio instituto.

As três partes correspondem à nossa tríade da alta performance, constituída de:

- Uma missão de transformar vidas;
- Um alicerce de conhecimento, desde técnicas a conteúdos;
- Uma metodologia para que você monte e cresça o negócio de treinamento.

É dessa maneira que entendemos, organizamos e compartilhamos os grandes fundamentos e os pequenos segredos que fazem toda a diferença na vida de um trainer. Eles são os divisores de águas entre o fracasso e o sucesso.

Como todo bom treinador de PNL, gosto de recorrer a metáforas. Uma das que utilizo neste livro é uma viagem pela rodovia costeira Rio-Santos, uma estrada cênica que os conhecedores classificam entre as mais belas do Brasil.

Imagine que para você sair da inércia e se transformar equivalha a sair de Santos, no Estado de São Paulo, e ir até Angra dos Reis, no

QUEREMOS QUE VOCÊ COMECE A BRILHAR IMEDIATAMENTE E NÃO PRECISE ESPERAR CINCO A DEZ ANOS PARA TORNAR-SE REFERÊNCIA.

Rio de Janeiro, pela Rio-Santos. Você pode fazer esse percurso a pé, de carro ou de avião.

A pé você vai demorar muito – e se cansar. Embora a vista do mar e das montanhas seja muito bonita, o mais provável é que você nem olhe, de tão cansado, e desista. O carro melhora essa situação, mas, como você está dirigindo, não tem tempo de apreciar a paisagem. O ideal mesmo é ir de avião, ainda que voando baixo: a vista é linda lá de cima, você a aproveita inteiramente e chega bem mais rápido ao seu destino.

Este livro é o avião que lhe permitirá ser um treinador de alto impacto. O conteúdo disponível a seguir organiza como deve ser toda a sua ação para capturar os poderes da tríade da alta performance, mostrando a relevância de cada movimento, do rapport[5] ao seeding,[6] da aquisição de conhecimentos necessários à montagem das equipes.

Leia e releia. Depois, use e abuse do conhecimento adquirido para transformar modelos mentais Brasil afora e ajudar as pessoas a serem elas mesmas, a fazerem o que querem e a se tornarem mais felizes. Não só você tirará seu sustento dessa atividade, como garanto que sua sensação de missão cumprida será maravilhosa.

---

5   Rapport: palavra de origem francesa que significa uma relação próxima e harmoniosa com as pessoas. Pode ser traduzida como "conexão".
6   Seeding: palavra em inglês que significa "semear". Vamos nos aprofundar melhor neste termo no Capítulo 6.

PARTE I

A MISSÃO

ENTENDENDO A SI MESMO

Foi em 2002 que tomei a decisão de trabalhar com desenvolvimento humano, depois de ter uma experiência impactante com um trainer de líderes. Eu estava cansado de trabalhar nas minhas empresas de tecnologia. Na verdade, estava saturado. Apesar de ser uma pessoa resiliente, o tipo de relacionamento que eu mantinha com os clientes e toda a parte logística daqueles negócios não me faziam bem.

Então, em 2003, minha esposa, meu irmão e eu fizemos uma formação em programação neurolinguística. Lembro-me da nossa volta para casa como se fosse hoje. Ainda no carro, eu falei para os dois: "Nós vamos abrir um instituto para trabalhar com PNL". Eles me olharam incrédulos. Um olhou para o outro com cara de ponto de interrogação e disseram que eu estava maluco. Não foi fácil dissuadi-los dessa ideia. Só consegui convencê-los realmente do instituto quando chegou o que defini como meu "dia do basta" – que só aconteceu anos depois, em 2008.

Para conseguir chegar a esse dia, uma nova versão de mim precisou nascer e viver uma segunda vida dedicada ao desenvolvimento pessoal. Se em uma vida eu mantinha as duas empresas de tecnologia, na outra, eu trabalhava como coach. Assim, com bastante esforço e dedicação, passei pelas três etapas do processo. Primeiro, estudei muito para poder dominar todo o conteúdo. Depois, aprendi a explicar o que é um processo de coaching a quem quisesse saber. Terceiro, lotei minha agenda de clientes e sessões.

Quando cheguei a essa terceira etapa evolutiva de um coach, a de gerar muita demanda, passei a achar muito complexo continuar todo o processo. Como eu entenderia depois, havia duas razões claras para isso: (1) a sobrecarga com as duas empresas de tecnologia, que eu já não amava e (2) percebi que não queria ser exatamente um coach.

Assim, a agenda concorrida só me deixou muito, mas muito mesmo, estressado.

Isso afetou todos os setores da minha vida. Eu não estava mais cuidando direito de mim ou da minha família. Não tinha mais paciência com as pessoas – não era generoso nem com elas nem comigo – e estava bastante cansado, sem tempo ou disposição para nada.

Essa situação me fez refletir. Se era desenvolvimento humano mesmo o que me apaixonava – e era –, eu precisava encontrar uma maneira sustentável de trabalhar na área. Isso pressupunha, antes de tudo, abrir mão dos negócios de tecnologia. Eu precisava me dedicar integralmente a ser um treinador e a realizar treinamentos, e o melhor caminho para isso era montar meu próprio instituto.

Era o meu chamado para viver de transformar vidas.

Esse foi o meu "dia do basta". Ele gritou tão alto dentro de mim, e de modo tão contundente, que a família inteira se convenceu do próximo passo.

E o seu "dia do basta" já veio? Será que vem logo?

01.

ENTENDENDO O MERCADO

COMO FUNCIONA O MUNDO DOS TREINAMENTOS

Não há métricas claras do mercado de treinamentos no Brasil. Posso dizer que o estado de São Paulo é o maior celeiro de institutos de desenvolvimento humano do Brasil, e talvez o maior do mundo, com mais de 3 mil institutos. As pessoas me perguntam se mesmo com tantos institutos elas terão espaço no mercado, e eu respondo que sim – ainda há muito espaço a preencher. Há em São Paulo um contingente enorme de pessoas que nunca fizeram um trabalho de autoconhecimento e transformação de vida. E se essa é a realidade paulista, fico só imaginando as oportunidades ainda inexploradas em outros estados.

Um treinador de desenvolvimento humano pode transformar vidas de duas maneiras: levando sua mensagem de um para um ou de um para muitos.

É possível que, ao ter seu "dia do basta" e iniciar uma transição de carreira rumo a ser um trainer, você feche os olhos e a primeira imagem que lhe venha à mente seja a de um evento de treinamento em que um indivíduo palestra para uma multidão, e com extremo sucesso. A casa está cheia de gente, há muitos aplausos, as risadas se alternam com emocionantes momentos de "um cisco caiu no meu olho", a energia quase se materializa no ar.

Quando abrir os olhos e espiar à sua volta com lentes realistas, talvez você descubra algo bem diferente, no entanto. Muitos treinadores não chegam nem perto de organizar eventos desse tipo – ou nem se atrevem a trabalhar no esquema um-indivíduo-para-uma-multidão, ou seus eventos são pequenos, vazios, simples demais. Isso pode ser um grande balde de água fria.

Por que isso acontece?

A resposta é simples: quando você atrai pessoas para um evento, você precisa vender. Mas não estou falando de vender ingressos. Eu me refiro a vender uma ideia. Ou, melhor ainda, vender uma solução para a vida dessas pessoas por meio dessa ideia, materializada em um conteúdo. De algum modo, esse conteúdo precisa ser vendido. A maneira de mensurar isso é o dinheiro. Ele é o reconhecimento de que a solução foi vendida e de que você está cumprindo a missão de impactar a vida das pessoas. Uma parte – expressiva – dos treinadores não se prepara para vender.

POR QUE TANTOS TREINADORES FICAM AQUÉM DO SEU POTENCIAL

Dinheiro e sucesso devem ser as duas palavras postas à mesa para explicarmos a razão de uma grande quantidade de trainers colecionarem frustrações. Tanto o dinheiro quanto o sucesso têm um protagonismo quase insuspeito nessas histórias, mas não pelos motivos em que a maioria pensa.

É muito comum o treinador sentir que não merece ganhar dinheiro – o que é frequente. Se isso ocorrer, algo terrível acontecerá no seu inconsciente. Este vai sabotar todo o processo de implementação

UM TREINADOR DE DESENVOLVIMENTO HUMANO PODE TRANSFORMAR VIDAS DE DUAS MANEIRAS: LEVANDO SUA MENSAGEM DE UM PARA UM, OU DE UM PARA MUITOS.

do negócio de treinamentos: o treinador não conseguirá vender bem suas ideias, não fará sua transição de carreira para se tornar um treinador, logo, não transformará a vida das pessoas. Seu inconsciente vai sabotar tudo, garantindo que o treinador não ganhe dinheiro – aquele dinheiro que ele sequer achava que merecia. Esse tipo de problema é o que denominamos crença limitante na Programação Neurolinguística (PNL).

Responsável por grandes contribuições à PNL, Robert Dilts reforça, no livro *Crenças*,[7] a suma importância de entendermos o que ocorre no nosso sistema de crenças. Se não compreendermos essa questão, não conseguiremos nos preparar de maneira proativa para fazer uma mudança ou realizar um sonho. Explicando sobre vários tipos delas, Dilts afirma que tais crenças levam o inconsciente a trabalhar no futuro, o que "paralisa" a pessoa no presente. Assim, se um treinador pensar que não merece ter dinheiro, ou seja, que não merece o dinheiro fruto de seu trabalho lá no futuro, seu inconsciente já inicia a sabotagem desde já, no presente.

Outra crença limitante frequente é o medo do sucesso, que também mora no nosso inconsciente. Se você se tornar um treinador, ou

---

7   DILTS, R. **Crenças**: caminhos para a saúde e o bem-estar. São Paulo: Summus Editorial, 1993.

uma treinadora, e tiver algum "senão" inconsciente com o sucesso, todos os seus processos de transição de carreira e de preparação para subir no palco serão sabotados.

Por que uma pessoa teme o sucesso? As razões são diversas. Posso compartilhar a história de uma aluna minha, por exemplo, que vinha sendo malsucedida como treinadora. Em um processo de mentoria comigo, ela começou a tomar consciência de que, caso alcançasse o sucesso como treinadora, teria de ficar distante de casa por muito mais tempo, hospedada em hotéis durante viagens, saindo de sua zona de conforto. Na mentoria, transformamos suas crenças limitantes em crenças possibilitadoras.

É sempre possível fazer isso. Meu grande amigo Geronimo Theml, que é um treinador também, solucionou o problema de estar pouco tempo com a família, que poderia se tornar uma crença limitadora, agrupando todos os seus eventos em uma mesma época do ano e, assim, dispondo de um tempo maior. Para tanto, ele preparou seus treinadores para fazerem as entregas de muitos dos trabalhos.

Então, pare neste instante e pense: o que você pode fazer para solucionar os seus problemas – ou as suas crenças limitantes?

Quando comecei na carreira de treinador, fazia tudo sozinho! Palestrava, vendia, fazia as inscrições, ligava para as pessoas, estudava, elaborava *slides* e escrevia publicações na internet. Com o passar do tempo, minha equipe começou a cuidar de muitas dessas etapas.

Olhando de longe, parece mais um caso típico de empreendedor que precisa fazer tudo e que, ao crescer, consegue ter uma equipe. Mas não foi bem assim que aconteceu. Em 2019, após dez anos do instituto, eu cuidei pessoalmente de 90% das entregas de todos os produtos que criei. Ou seja, meu inconsciente continuava a me sabotar para eu não obter mais sucesso no futuro. Afinal, se me dedico mais a demandas que não precisam da minha presença, acabo perdendo tempo de fazer com que o negócio cresça como um todo. Por exemplo: minha missão é estar sobre o palco e aplicar as melhores ferramentas; se me ocupo em operacionalizar as vendas, perco esse

NA MENTORIA, TRANSFORMAMOS SUAS CRENÇAS LIMITANTES EM CRENÇAS POSSIBILITADORAS.

tempo precioso com o qual poderia estar concentrado na minha performance no evento como treinador ou ainda nas estratégias de marketing.

Ao me dar conta disso, mudei minha meta de 2020. Aplicar 50% das entregas e os outros 50% serem realizadas pelos demais treinadores do instituto, que foram devidamente preparados para isso. E, em 2021, estou entregando apenas 20% dos produtos. Se eu ficar menos tempo na entrega, acionarei mais a minha mentalidade estratégica para ampliar os negócios, transformarei um número maior de vidas e, consequentemente, terei uma monetização maior. Com esse lucro maior, investirei na empresa, fazendo-a crescer ainda mais, e nesse processo cada vez mais pessoas serão alcançadas. É um círculo imensamente virtuoso.

O tema do sucesso, assim como o do dinheiro, tem de estar no radar desde o dia seguinte ao "dia do basta". É importante que você se prepare em todos os sentidos para obter o sucesso no futuro. E sucesso não se resume a ganhar dinheiro; pode ser ficar mais tempo com a sua família, ser feliz naquilo que você faz e também fazer as pessoas à sua volta felizes. Boa parte dos profissionais do mercado de treinamento falha nisso – não cometa o mesmo erro.

02.

ENTENDENDO O PROCESSO DE TRANSFORMAÇÃO

COMO PLANEJAR E IMPLEMENTAR A NOVA CARREIRA

Então, você acorda certa manhã e percebe que está firme em sua decisão: vai apostar para valer na vida de treinador. Você precisa apenas fazer um plano e executá-lo. Só isso?

Não é pouca coisa, mas você não precisa reinventar a roda também. Há quatro pontos principais para começar a planejar a carreira de treinador. E, depois, há cinco fases para colocar a mão na massa, criar e vender efetivamente seus produtos de treinamento, preferencialmente por meio de uma organização – um instituto.

A seguir, descrevo essa jornada básica com um pouco mais de detalhes.

QUATRO PONTOS DE PARTIDA

Planejar objetivamente nem sempre é fácil. Quando se trata de mudança de carreira, o primeiro passo descrito no seu plano deve ser entender como vai funcionar essa transição – você vai continuar na atividade atual? Se sim, por quanto tempo? O segundo passo decorre naturalmente do primeiro: você precisa definir com precisão como investirá o seu dinheiro e o seu tempo na nova carreira, inclusive enquanto se mantiver no velho emprego. Se isso não for bem pensado, você não terá disciplina e energia para fazer o que é necessário.

O terceiro passo consiste em saber quais conteúdos você precisa aprender para poder começar a sua transformação, e isso será tratado mais adiante; você certamente não precisa aprender tudo sobre tudo, ou só conseguirá ser treinador quando for velhinho e não tiver mais disposição para ajudar ninguém.

Por fim, você deve fazer pelo menos um primeiro planejamento de como funcionará o jogo comercial – quase ninguém dá a devida atenção a essa parte do negócio, mas ela é essencial!

Vou usar o meu instituto como exemplo de estratégia de negócio, porque um caso real pode valer por mil explicações teóricas.

No Instituto Lyouman, desenhei – e aprimorei ao longo do tempo – três perfis de vendedores: o afiliado, o gestor e o palestrante. Eles são a base da minha estratégia.

Os afiliados vendem os ingressos para os meus eventos de treinamento. Hoje eles somam setenta pessoas com empresas individuais que prestam serviços para o meu instituto e trabalham com as próprias redes de contatos. Iniciam a parceria comigo recebendo uma comissão de 15% sobre as vendas e, com o tempo, se mostrarem engajamento na missão, podem passar para 20% ou até 25%.

IMPORTANTE: PARA UM AFILIADO SE TORNAR GESTOR, NÃO BASTA GERAR RESULTADOS. ELE TAMBÉM PRECISA DEMONSTRAR QUE TEM UM PERFIL ADEQUADO PARA LIDERANÇA.

Depois de passar por todas as fases desse videogame, há o afiliado de último nível, que eu chamo de gestor. Este ganha comissão de 30% sobre tudo que vender, mais 5% dos afiliados que estão sob a sua gestão. Dentro do meu processo comercial atual, eu conto com cinco gestores e cada gestor lidera, aproximadamente, entre dez e quinze pessoas abaixo dele. Esses gestores lideram fazendo treinamentos e um processo de alinhamento com os seus reportes. Como seria muito complexo gerir esses setenta afiliados, criei essas células de pessoas que são lideradas pelos gestores.

Note que a elevação de comissão para 30% + 5% é muito importante, porque é um reconhecimento explícito de que a pessoa esteve engajada com a missão e com o processo de trazer mais pessoas, e que fez de tudo para as coisas funcionarem bem.

Importante: para um afiliado se tornar gestor, não basta gerar resultados. Ele também precisa demonstrar que tem um perfil adequado para liderança.

Agora, eu também criei uma esteira, ou fluxo, para trazer novos clientes aos nossos treinamentos. Em geral, organizamos palestras, gratuitas ou pagas, para isso. O Instituto Lyouman faz a captação de *leads* pela internet, com anúncios no Facebook e Instagram, e quem ministra a palestra é o vendedor-palestrante. Ele vende nossos conteúdos na palestra e atrai público para outros treinamentos.

Como, nesse caso, foi o Instituto que investiu para captar os *leads* e levar as pessoas para a palestra, a comissão do vendedor-palestrante é menor, de 20%.

Em síntese, seu plano deve cobrir os seguintes aspectos:

- Entender sobre a transição de carreira;
- Definir como investir o dinheiro e o tempo;
- Decidir quais conteúdos você precisa aprender;
- Desenhar uma estratégia comercial.

VOU USAR O MEU INSTITUTO COMO EXEMPLO DE ESTRATÉGIA DE NEGÓCIO, PORQUE UM CASO REAL PODE VALER POR MIL EXPLICAÇÕES TEÓRICAS.

UM PROCESSO DE CINCO FASES

Para entender melhor a execução, é útil dividi-la em cinco fases, embora muitas vezes elas aconteçam concomitantemente. É necessário se preparar para:

FASE 1 – Adquirir os conhecimentos planejados, estudando bastante.

FASE 2 – Montar a própria estrutura de treinamento, a partir tanto dos estudos como de testes de diferentes formatos para entender o que realmente dá certo e combina mais com você.

FASE 3 – Traçar o sistema das vendas de seus treinamentos e as campanhas de divulgação e captação de *leads*, lembrando-se de testar uma por uma.

FASE 4 – Iniciar um processo da autoafirmação, em que tem de provar a si mesmo, aos familiares e a todas as pessoas que seus produtos são realmente excelentes – mesmo que você não esteja vendendo nada ainda.

FASE 5 – É quando o público finalmente reconhece sua autoridade como treinador de desenvolvimento humano.

Em síntese, sua execução deve se desdobrar nestas cinco fases e você deve ter perseverança para passar por todas elas:

- Conhecimento;
- Construção;
- Comercial;
- Autoafirmação;
- Autoridade.

Tão ou mais importante do que conhecer o processo de implementação é identificar as armadilhas encontradas nele, que serão tratadas no próximo capítulo.

03.

ENTENDENDO OS PERIGOS

RECONHEÇA ARMADILHAS E APRENDA A SUPERÁ-LAS

Quem está iniciando a carreira de treinador pode facilmente cair em algumas armadilhas. Tudo bem se você cair em algumas delas, mas há aquelas que você precisa evitar a todo custo. Estas são armadilhas que enfrentei, uma a uma, vivendo uma dor ao longo dos primeiros cinco anos de carreira. Eu amaria ter tido este capítulo disponível para evitar as armadilhas – não é fácil se manter nessa jornada com tantos buracos no caminho!

Atualmente, cerca de 90% dos meus novos alunos chegam com histórias invariavelmente pautadas, infelizmente, nestas armadilhas.

ESTUDAR DEMAIS

Na 1ª fase, você pode dedicar tempo demais aos estudos e não sair para a ação, perdendo muito tempo e dinheiro.

Isso acontece muito frequentemente com o coach ou com o treinador. Eles acham os assuntos empolgantes; acreditam que o caminho para o sucesso é pavimentado por um conjunto de conhecimentos cada vez maior; apostam no próximo curso como o grande impulsionador de suas carreiras; estão certos de que o novo treinamento será o que vai levá-los ao próximo nível. E, assim, adiam sua entrada no mercado indefinidamente.

O risco de uma pessoa ser "abduzida" pelos estudos é grande. E isso acontece porque muitos treinadores acabam oferecendo treinamentos de maneira rasa e com conteúdo superficial, fazendo com que os alunos precisem voltar em busca de complementações. Quando uma pessoa entra na sala de aula e parece não sair nunca mais, dizemos que ela está na "roda de hamsters", na qual anda e anda e não chega a lugar algum. Ela pensa: *Ah, eu não estou pronto ainda*, e permanece girando a roda.

Não estou dizendo para você iniciar seu trabalho se satisfazendo com conteúdo raso – jamais sugeriria algo do gênero. Mas quero que dê dois passos para trás e avalie se realmente você não está pronto para mergulhar no trabalho – e se os estudos intermináveis não estão sendo só uma muleta, um modo de adiar o mergulho. Talvez você tema os tubarões metafóricos que a Bianca citou no prefácio?

É óbvio que sempre há espaço para aprender mais e melhorar profissionalmente. Isso é altamente desejável. Mas você fará reciclagens ao longo de toda a sua carreira, não precisa apreender tudo de uma vez. O mais importante é dar o próximo passo no processo de implementação – o que significa, entre outras coisas, dar a devida atenção à fase de estratégia comercial.

Para você ter uma ideia de como a "roda de hamsters" opera, R., um de meus alunos do Mato Grosso do Sul, gastou mais de 150 mil reais em aquisição de conteúdo. Ele queria ser o "ninja" do conhecimento, só que o efeito prático disso foi ficar muito tempo parado no mesmo lugar, como ele mesmo admite – até porque quem não exercita o que aprende fica com a sensação de não se apropriar daquele conhecimento realmente.

As pessoas têm a falsa ideia de que o conhecimento acumulado fará tudo acontecer de uma hora para outra, como em um "passe de mágica". Não funciona assim. Com o R. não funcionou. Quando ele se deu conta de que não precisava de tantas formações e efetivamente abriu o seu negócio, a mágica começou. Seu instituto de treinamento em desenvolvimento humano vai bem, obrigado.

"PRODUTIFICAR" DEMAIS

Na segunda fase, você pode perder muito tempo e dinheiro com a elaboração dos produtos.

Falo por experiência própria. Eu perdi muito tempo e dinheiro nisso. Levei muitos anos para fazer a minha transformação de vida e criar meu produto de leader training (LT). Como, durante a minha caminhada, ninguém ensinava ninguém, aprendi sozinho. Foram sete árduos anos, de 2002 a 2009, e quem começar do zero, sem nenhuma base, vai levar um tempo similar.

O *Método rise*, desenvolvido por mim, é uma maneira de assimilar a evolução pessoal dos trainers. Criei um método fácil de aprender e de aplicar, passível de ser tranquilamente personalizado por e para você. Isso quer dizer que, quando for executá-lo, vai utilizar o método semelhante ao que uso, mas com o seu tempero. E é exatamente nessa hora que você enxergará o modelo do seu instituto de treinamento.

TESTAR DEMAIS O MODELO COMERCIAL

Na terceira fase, enfrenta-se o período mais perigoso, pois é necessário um investimento no escuro, em testes, até acertar o modelo de vendas.

Muitos dos meus alunos são trainers que "patinam" no mercado. Não conseguem vender nada, sequer pagar as contas. Não sabem nem por onde começar para vender seus treinamentos.

Isso já acontecia antes da pandemia de covid-19 e, com a paralisação dos eventos presenciais, tudo se agravou ainda mais. Aqueles que tinham problemas com vendas simplesmente quebraram, outros desistiram e apenas uma pequena parcela resolveu ir para o mundo digital. Estes estão com a empresa mais saudável agora na internet do que antes, quando o trabalho era apenas presencial. Isso acontece porque, além de os custos serem menores no digital, a internet apresenta os treinadores para o mundo.

Um aluno treinador me perguntou no final de 2019 se seria possível faturar 1 milhão de reais por ano. Em 2020, no auge da pandemia, ele alcançou esse feito. Infelizmente a maior parte dos institutos acreditam que não se deve fazer marketing pela internet.

Ainda neste livro vou apresentar a você todo o processo de pivotagem para o digital, a fim de que se torne um treinador completo.

Lembro-me de que, certa vez, durante uma formação de nove dias que ofereço, um aluno começou a chorar logo no início do primeiro dia. Ele desabafou: "Eu falei para a minha esposa que esta é a minha última tentativa de virar o 'jogo'. Não estou conseguindo fazer acontecer. Minha última chance é esta formação". Infelizmente isso acontece porque há no mercado muitos treinamentos, baseados no modelo mental da escassez, aos quais esses alunos foram expostos. Esse é um modo delicado, e mais racional, de dizer que muitos treinadores guardam para si tudo que aprendem sobre a prática comercial, pois veem seus alunos como concorrentes que lhes vão tirar clientes.

O *MÉTODO RISE*, DESENVOLVIDO POR MIM, É UMA MANEIRA DE ASSIMILAR A EVOLUÇÃO PESSOAL DOS TRAINERS.

Eu penso diferente. Acredito em um mundo abundante de conhecimentos, logo, acredito que me torno um profissional melhor a cada informação que eu compartilho com os outros. Todo o conhecimento que recebo sobre estratégia comercial eu repasso para os alunos. Não só durante as aulas pagas, mas também nos grupos do Telegram e WhatsApp que mantenho com as diferentes turmas uma vez encerrados os cursos. Isso vale para o que aprendo gratuitamente na comunidade de treinadores que integro – lá a regra é: alguém testou algo novo, dando certo ou não, compartilha com os outros. E isso vale para a mentoria de pitch de vendas testada e aprovada que eu contratei por 50 mil reais. Incluí esse conteúdo, por exemplo, na plataforma digital de treinadores do Instituto.

Você tem de procurar treinamentos comerciais com trainers fiéis à lógica da abundância.

RESPONSABILIZAR OS OUTROS

Na quarta fase, você pode entrar no "modo romântico", começando a se justificar e a colocar a culpa nos outros pela dificuldade em atingir resultados. A consequência disso é perder muito tempo e dinheiro.

Quando pensei em abrir um instituto, um trainer que ainda tinha o próprio instituto me disse algo de que nunca vou esquecer: "Você precisa ter pelo menos dez anos de experiência trabalhando no instituto de outra pessoa para conseguir montar o seu". Essa pessoa já tinha quase quinze anos de estrada. Se eu tivesse acreditado nele, estaria "patinando" até hoje e não teria nem começado, teria desistido. Ainda bem que não o escutei. Durante minha jornada, percebi que ele tinha entrado no "modo romântico", em vez de se autoafirmar. Ambos temos nossos institutos, e a diferença entre os dois é gigantesca em termos de sucesso.

Muitos treinadores sofrem quando chegam a determinado ponto de seu caminho. Veem que há muitas pessoas fazendo acontecer e eles não estão nesse grupo. Alguns começam a dar desculpas e justificativas;

outros se autoafirmam. O segundo caminho é o correto. A autoafirmação – que, na prática, significa o treinador fazer sua família acreditar nele – vai fazê-lo persistir para chegar à quinta fase. Se ele persistir, saberemos que adquiriu muito conhecimento, construiu algo a partir disso e está montando sua operação comercial, ainda que com dificuldades. Se ele persistir, ultrapassará a barreira da quarta fase e terá sua autoridade reconhecida no ecossistema em que atua. Ultrapassar essa barreira é muito importante.

DEMORAR DEMAIS PARA SE ESTABELECER

Talvez demore muitos anos, ou até uma década, para você chegar à quinta fase, do negócio sustentável. Isso pode levá-lo a perder não só tempo e dinheiro, como também energia. Essa armadilha é pior que a "roda de hamsters"; é areia-engolideira.

Você já deve visto algum filme em que um personagem cai na areia movediça e é engolido por ela. Há um exagero de Hollywood nisso, é claro, mas o fato é que areia movediça é real até no Brasil, onde é chamada em muitas regiões de areia-engolideira,[8] um nome que considero mais do que perfeito. É de fato muito difícil, uma vez que você afunda, conseguir escapar dela. Seus cabelos podem ficar grisalhos no processo.

Este é um dos cenários mais tristes e, infelizmente, vi muitos treinadores sendo engolidos. Eles vivem contando histórias sabotadoras para si mesmos, para a família, "patinam" e acabam desistindo de tudo. O pior é a mentalidade de busca incessante em conteúdos e lugares que prometem e não cumprem. Como alguém pode querer ensinar algo que não pratica? Eu ensino o que faço, com os resultados obtidos por meio de meus testes frequentes de marketing e comercial. Sendo assim, quero que você se prepare para os próximos capítulos, nos quais lhes apresentarei os segredos de um treinador de sucesso.

---

8   AREIA movediça existe? **Cultura Mix**, 2012. Disponível em: https://meioambiente. culturamix.com/natureza/areia-movedica-existe. Acesso em: 20 set. 2021.

EU ENSINO O QUE FAÇO, COM OS RESULTADOS OBTIDOS POR MEIO DE MEUS TESTES FREQUENTES DE MARKETING E COMERCIAL.

Com muito orgulho e segurança, afirmo a você que encontrei uma solução metodológica para evitar essa armadilha "engolideira". Graças a ela, em meus eventos de formação de treinadores consigo pular todas as quatro fases anteriores e ir direto para a quinta fase, a do negócio sustentável.

PARTE II

O ALICERCE

OS SEGREDOS DA JORNADA DO TREINADOR

Você abraçou a missão de transformar vidas, entendendo o mercado e suas armadilhas. Você escolheu ser um coach, um palestrante ou um treinador; certamente já tem o desenvolvimento humano como missão em seu coração.

Não importa o que aconteça, nunca se esqueça de que, sem uma missão, nada faz sentido. Se você não sentir o chamado para treinar e ajudar pessoas, esqueça deste conteúdo e procure outro tipo de trabalho no qual possa realmente se sentir realizado.

No entanto, se essa missão ressoa dentro de você, para dar o próximo passo é preciso construir seu alicerce de conhecimentos. Isso é importante para que você aborde com profundidade as ferramentas e os saberes. É necessário levar em conta dois fatores: a lista de dez conhecimentos que um trainer deve combinar para obter os melhores resultados possíveis em seus treinamentos, e a maneira efetiva de apropriar-se desses conhecimentos.

É bastante comum encontrar coaches que possuem a missão, mas sentem dificuldade em desenvolver profundidade de conhecimento e escala. Por que isso acontece com tanta gente? A explicação é que, na verdade, esses treinadores não estão se profissionalizando – quem trabalha somente a missão acaba só realizando sessões de coaching e palestras gratuitas, como um amador. Oferecer produtos gratuitamente pode, sim, ser uma estratégia para aquisição de clientes, mas é algo temporário; não se sustenta no longo prazo.

Com o alicerce de conhecimentos que compartilho a seguir, é possível iniciar o processo de profissionalização de um treinador.

04.
ROTEIRIZAÇÃO DE UM TREINAMENTO

OS PILARES PARA A ESTRUTURAÇÃO

Não importa qual seja o evento em questão – uma palestra de captação, um workshop, um day training, um treinamento ou seminário de um, dois ou mais dias –, você precisa roteirizá-lo. E os sete pilares que apresentarei neste capítulo vão ajudá-lo a fazer isso tão bem que você mesmo se surpreenderá com a sua performance.

Para que um treinamento seja coeso, é desejável que você utilize o maior número possível de pilares – desde que sejam adequados para o caso em questão. Por exemplo, se um treinamento tiver somente palestras e exercícios em apostila, como encontramos bastante no mercado, ele pode ficar superficial. Faltará substância.

É essencial frisar que duas atividades que fazem parte de todo evento não descrevo como pilares: o aquecimento, feito por membros da equipe (de preferência, três) com o objetivo de valorização do público presente, do instituto e do treinador; e o encerramento.

Nesta, é preciso fazer algumas ações importantes, como agradecer a presença das pessoas, agradecer a sua equipe e conduzir uma dinâmica de empoderamento, a fim de que as pessoas saiam energizadas da experiência.

PRIMEIRO PILAR: FUNDAMENTAÇÃO

Acontece no início do evento e relaciona-se com toda a parte de conteúdo, preparando os alunos para que deem os próximos passos. O treinador aproveita esse momento para estabelecer rapport com a audiência e criar um ambiente de confiança e credibilidade.

O primeiro passo ideal para a fundamentação acontecer é explicar para as pessoas exatamente do que se trata o evento e qual será o conteúdo abordado. Assim, despertará o interesse delas, mantendo o foco em você e no treinamento. Pense na fundamentação como se ela fosse o *teaser* ou o *trailer* de um filme, cujo objetivo é instigar a curiosidade do expectador.

Importante: é na fundamentação que você vai ganhar os "rebocados". Muita gente vai aos eventos a reboque, ou seja, não queria realmente estar ali e foi de alguma maneira "obrigada" por alguém que as convidou. Essa pessoa deve ser considerada um *lead* frio – apesar de presente no evento, está fria e precisa ser aquecida.

O fato é que essas pessoas não conhecem o treinador, mas o poder que a fundamentação tem as fará reconhecê-lo como autoridade e especialista no assunto, prendendo a atenção delas e as mantendo até o final do evento.

Importante dizer que uma pessoa só passa para o próximo treinamento mais avançado caso ela perceba os benefícios nesta primeira experiência.

Por isso, meu conselho é enfático: seja diferente! Nada melhor do que fazer coisas diferentes nessa etapa para esquentar os *leads* frios.

Nos seminários e treinamentos que conduzo, sempre começo falando sobre alcançar um objetivo, um sonho de vida. Então falo sobre crença limitante, coaching, inteligência emocional e apresento uma série de conteúdos. Mas sei que, se eu explicasse inteligência emocional exatamente do jeito que outros explicam, a pessoa provavelmente pensaria que é um assunto velho, pois já o ouviu diversas vezes na boca de outro palestrante, de um líder religioso ou de algum influenciador na internet. O assunto é realmente o mesmo, mas é importantíssimo apresentá-lo de uma maneira nova, caso contrário não causará impacto.

Vou dar um exemplo de algo diferente que fiz na fundamentação de um treinamento de inteligência emocional. Pelo meu repertório, dentro do instituto, percebo que o público feminino costuma ser 70% a 80% desses eventos, pois se interessa bastante pelo assunto e possui facilidade maior de participar das dinâmicas – as mulheres participam dos eventos de coração aberto, sem timidez. Já os homens são muito mais reservados e desconfiados, mais difíceis de se entregar.

Então, minha equipe e eu decidimos fazer uma pequena alteração no título da palestra para mobilizar mais o público masculino: *Inteligência emocional através da neurociência*. Deu certo. A inclusão da palavra "neurociência" e um título mais direto atraíram mais os homens, e, assim, conseguimos diminuir a diferença para 60% de mulheres e 40% de homens. A fundamentação dessa palestra focou em explicações científicas – o que chamou a atenção do público feminino, mas também do masculino, que, de modo geral, precisa de um "empurrãozinho" a mais para se sentir à vontade na hora de participar de alguma atividade ou dinâmica.

Outro exemplo de fundamentação diferente é o modo como trato as crenças limitantes em alguns eventos, trabalhando outros termos para não ficar repetitivo e maçante. Às vezes estou falando sobre crenças limitantes e substituo por "feridas abertas no passado": "Hoje essa ferida aberta aumentou e faz você ter sentimentos e pensamentos que atrapalham a sua vida". Quando falo de uma crença limitante conectada com o pai, com a mãe, ou com os pais substitutos, uso os traços e comportamentos que trazemos dos nossos pais.

SEJA DIFERENTE!
NADA MELHOR DO QUE FAZER COISAS DIFERENTES NESSA ETAPA PARA ESQUENTAR OS *LEADS* FRIOS.

Agora, tome cuidado com o que é muito diferente. Imagine você em um evento, cujo início já lhe impõe uma dinâmica de levantar os braços para cima, gritar e empoderar-se. Será que vai dar certo? Aquela pessoa que veio "rebocada", que não queria estar ali, vai mesmo se empoderar vendo o pessoal gritar e levantar o braço? Possivelmente não. Ela vai achar tudo muito estranho e começará a dizer coisas como: "Socorro, isso aqui é um grupo de fanáticos". Não é isso que queremos, certo? Queremos ganhar essa pessoa e, por isso, é importante uma fundamentação bem-feita.

Não há limite de tempo para se deter na fundamentação, porque vai depender muito da duração do seu evento. Um workshop de quatro horas não pode ter uma fundamentação de duas horas, mas, em um evento de dois dias, cabe uma fundamentação de duas horas. O importante é a fundamentação ter começo, meio e fim, repassar todo o conteúdo para instigar o público, sem ficar desgastante.

A fundamentação é uma aliada poderosa do treinador e sua ausência pode ser uma detratora. Por exemplo, eu tenho uma aluna que não gostava de leader training. Ela fez um em outro instituto e não gostou da experiência, porque não havia de fato entendido o objetivo daquilo. Certamente, a fundamentação foi falha. Quando veio fazer o nosso e assistiu à fundamentação, passou a amar o leader training.

Muitos treinadores evitam palestrar para pessoas frias, os *leads* frios. Alguns se recusam a dar palestras gratuitas até por causa disso. Eu discordo dessa posição. O treinador deve ver os *leads* frios como um desafio a vencer. Ele é treinado para aquecer e engajar seu público, afinal de contas. Na minha formação de treinadores, esse é um ponto essencial. Meus alunos saem da formação totalmente preparados para ganhar o público logo na fundamentação. Isso é o que valida um evento – on-line ou presencial.

Outro elemento muito importante é que a fundamentação tende a se repetir durante o evento toda vez que você lança um assunto novo, especialmente se for polêmico. Se vai conduzir um exercício que envolva conceitos de Física Quântica, por exemplo, terá de fundamentar o assunto. Há pessoas que não têm interesse em Física Quântica. Você precisa agir, a fim de que elas realizem um exercício sobre um assunto que não lhes interessa. A fundamentação é essencial para esse processo, e serve para qualquer outro assunto que será aplicado.

No roteiro, vale a pena incluir uma fundamentação até antes de um exercício sobre o perdão. Muitas pessoas ficam bloqueadas em relação a isso, tanto para pedir perdão como para perdoar. Mas se você fizer uma boa fundamentação sobre a natureza do perdão, com base em nossa experiência de mais de uma década, ganhará mais de 90% das pessoas presentes, e elas, assim, aceitarão fazer o exercício.

Se você disser sem nenhum contexto: "Vamos todos pisar na brasa!", mostrando uma esteira de brasas queimando, é capaz de as pessoas saírem correndo do recinto achando você louco, pois sua atitude não fez sentido. E, pior, ainda irão embora do seu evento falando coisas distorcidas sobre ele porque não entenderam o contexto ou a metáfora. Agora, se você fizer uma fundamentação sobre a brasa, explicando a dinâmica, a técnica e a metáfora do *firewalking*,[9] expondo a importância de atravessar uma esteira pegando fogo, as pessoas vão desejar passar por essa experiência.

Então, para o seu evento ter um bom desempenho, você precisa dominar muito bem a fundamentação.

---

9   O *firewalking* é um treinamento que consiste em caminhar sobre as brasas formulado para ultrapassar barreiras, superar limitações e despertar o poder interior e o potencial interno de cada pessoa. Assista ao vídeo para conhecer melhor este treinamento: 5 PILARES para o *Firewalking* | Marcelo Lyouman | Instituto Lyouman. 2019. Vídeo (7min05s). Publicado pelo canal Marcelo Lyouman. Disponível em: https://www.youtube.com/watch?v=4tc0wLEa6gI. Acesso em: 20 set. 2021.

SEGUNDO PILAR: IDENTIFICAÇÃO

Esse é o momento em que você ajudará o aluno a identificar os seus modelos mentais. Nesse ponto vem à tona, com clareza, o que é importante para ele acionar em seu processo de transformação. Devemos também ajudá-lo a identificar o que ele já realizou de grandioso em sua vida e entender que, se fez isso antes, pode continuar fazendo. Isso é essencial, pois, às vezes, o aluno se esquece dos seus feitos e do que é capaz.

Em outras palavras, a identificação faz a pessoa entender que, entre os diversos setores da vida dela, há um que alavanca os demais. Com isso, conhecendo os próprios valores e entendendo como está sua vida e quais são suas limitações, ela conseguirá focar naquilo que pode tornar seus sonhos possíveis.

MEUS ALUNOS SAEM DA FORMAÇÃO TOTALMENTE PREPARADOS PARA GANHAR O PÚBLICO LOGO NA FUNDAMENTAÇÃO.

O valor é algo essencial. Nossa vida é medida pela quantidade de vezes que atendemos aos nossos principais valores, realizando sonhos e objetivos. Por trás de cada sonho e cada objetivo há um valor muito importante que está sendo atendido. É o valor da solidariedade? Do amor, da felicidade, do sucesso? Pode ser qualquer um.

A identificação traz os valores para o nível da consciência. Muitas pessoas vão ao meu evento sem a mínima ideia do que estão fazendo neste mundo. Durante o evento, consigo ajudá-las no reconhecimento de sua missão e visão. É preciso também auxiliá-las a identificar suas limitações – ou crenças limitantes –, aquilo que as atrapalham a alcançar seus sonhos e objetivos. Nessa hora, muitas pessoas travam e resistem ao processo. Mas se o treinador souber conduzir bem o processo de identificação, elas descobrirão por si só o que as limita e se abrirão para a mudança.

O número de identificações que roteirizo por evento varia. Em meus seminários de *Vendedor extraordinário*, que duram todo o fim de semana, realizo duas identificações: uma no sábado e outra no domingo. A primeira é a crença limitante de vendas. Muitas pessoas não gostam de vender, sentem desconforto, e trago isso à consciência. A segunda é a identificação daqueles vendedores que começam o mês muito tranquilos e acabam não batendo a meta porque deixam tudo para a última semana, precisando correr atrás dos resultados. Há também aquele vendedor que começa com toda energia por ter conseguido 70% da meta, tranquiliza-se e depois se perde com o passar dos dias.

No seminário *Mente milionária*, que é o meu evento sobre prosperidade e riqueza, faço identificações várias vezes. Divido o evento e relaciono crenças limitantes ao dinheiro, ao que gastamos e a tudo que ouvimos sobre o assunto.

Você deve tomar cuidado com a linguagem que usará com o seu público na hora da identificação. Ajude cada pessoa a descobrir as coisas por si só, a ter autoconsciência em relação às suas questões. Você não deve influenciar ou atrapalhar a vida dela. Para isso, utilizamos a hipnose ericksoniana, que interage com a audiência por meio de uma linguagem genérica, usando metáforas e exemplos ao afirmar coisas como "talvez, quem sabe um dia, isso tenha acontecido na sua vida".

Quando utilizo uma linguagem genérica, atinjo um número maior de pessoas e deixo-as mais receptivas. Elas estão abertas para absorver essa informação, buscam o próprio conteúdo, identificam o que verdadeiramente possuem dentro de si, permitindo-se manifestar.

Se a identificação for bem feita, a pessoa decidirá trabalhar essa crença limitante. Uso sinônimos para isso: traços e padrões negativos oriundos de outras pessoas, feridas abertas, feridas emocionais de outra época da vida e que influem até hoje, cultura pessoal negativa etc. O importante é mostrar ao aluno que é necessário trabalhar as dores, verificando tudo que o atrapalha na hora de realizar seus sonhos.

A autoidentificação de crenças potencializa o processo, como quando as pessoas respondem a um questionário para análise de perfil comportamental. No entanto, há um risco: embora elas mesmas tenham respondido ao questionário, muitas têm a sensação de que alguém está lhes dizendo que são de determinado jeito. É preciso cautela, portanto, na adoção desse recurso.

Existem muitas ferramentas para a identificação de crenças. Uma delas é a matriz SWOT,[10] termo abreviado das palavras, em inglês, de quatro quadrantes: *strengths* (forças), *weaknesses* (fraquezas), *opportunities* (oportunidades) e *threats* (ameaças).

Quando listamos as fraquezas, muitas surgem no formato de crenças limitantes. As ameaças também apresentam as crenças limitantes. Agora, há perguntas comuns da análise SWOT que eu não gosto de fazer, porque, se a pessoa tem a autoestima elevada, sua matriz exibirá uma grande quantidade de forças e, se tem a autoestima baixa, colecionará fraquezas. Isso não significa que ela esteja vendo tudo que há para enxergar.

O que eu faço é adotar um *by-pass*, uma maneira de "enganar" o modelo mental e emocional da pessoa, fazendo com que ela se distraia para que responda mais fácil e autenticamente. Então, em vez de perguntar à pessoa que tem baixa autoestima sobre quais são as suas forças, eu questiono: "Para alcançar um objetivo, o que você tem e quer manter?". Quando faço essa pergunta, consigo uma resposta mais completa. Do mesmo modo, se eu perguntar para uma pessoa com a autoestima elevada sobre suas fraquezas, ela vai demorar a responder e talvez diga não se lembrar de nenhuma. Agora, se eu usar um *by-pass* e questionar: "Para alcançar o seu objetivo, o que você tem e

---

10   SANTAELLA, J. Tudo sobre MATRIZ SWOT: o que é, passo a passo e dicas para aplicar no planejamento estratégico. **Euax**, 25 mar. 2020. Disponível em: https://www.euax.com.br/2020/03/matriz-swot/. Acesso em: 20 set. 2021.

não quer ter mais?", eu driblo o estado emocional dela e descubro que suas crenças limitantes podem ser falta de tempo, falta de dinheiro, ansiedade, insegurança e medo, por exemplo.

Às vezes, a crença limitante aparece na lista das ameaças, então recorro também a um *by-pass*. Quem está com a autoestima baixa perceberá muitas ameaças caso eu pergunte diretamente sobre elas. Então, formulo algo diferente: "O que você não tem e quer evitar?". Em vez de travar – uma evidência típica de uma crença limitante –, a pessoa responderá com facilidade, pois deseja evitar essas ameaças.

Nas oportunidades, tampouco gosto de perguntar: "Quais são as suas oportunidades?", porque quem tem a autoestima elevada enxerga muitas oportunidades e quem não tem não enxerga nenhuma. A pergunta com *by-pass* é: "Ao alcançar esse objetivo, quais benefícios e ganhos você terá?". Na resposta, aparecerá as oportunidades que a pessoa terá criado quando alcançar esse objetivo.

Na matriz SWOT, muitas vezes aparece o valor que está por trás do sonho da pessoa. Ela sente que conseguirá mais amor, mais saúde, mais lealdade, mais felicidade. Valores acarretam tanto coisas subjetivas quanto concretas, como a pessoa ter mais tempo, mais dinheiro, mais conforto. Em síntese, nos quadrantes 2 e 3 normalmente estarão as crenças limitantes da pessoa. No quadrante 4 estarão os valores por trás de seus objetivos, e no 1, as suas forças.

	Fatores positivos	Fatores negativos
Fatores internos	**S** Strengths (força)	**W** Weaknesses (fraquezas)
Fatores externos	**O** Oportunities (oportunidades)	**T** Threats (ameaças)

O IMPORTANTE É MOSTRAR AO ALUNO QUE É NECESSÁRIO TRABALHAR AS DORES, VERIFICANDO TUDO QUE O ATRAPALHA NA HORA DE REALIZAR SEUS SONHOS.

Para fazer a identificação é necessário ter um roteiro bem escrito e estruturado. Quando fizer o discurso, seu roteiro deve ter um processo de identificação completo, com linguagem genérica e metafórica. Todos os meus roteiros seguem essa fórmula, então os meus alunos não precisam reinventar nada.

Minha formação de palestrantes, em vez de ser somente um curso de oratória, prepara as pessoas para fazer a identificação da plateia, entre outras coisas. São quatro dias inteiros de aulas, e os alunos saem com alto nível de preparo. A diferença entre o antes e o depois deles é enorme!

TERCEIRO PILAR: DESAFIOS

Dinâmicas que geram desconforto precisam fazer parte do roteiro. Exemplo desses desafios, como prefiro chamá-los, são atividades que fazem as pessoas estudarem algo, montar algum projeto ou alcançar um objetivo em equipe, em uma competição entre grupos. Meus eventos reúnem participantes de diferentes níveis sociais, culturais, financeiros e muitos acham que são perfeitos, sabem de tudo e são melhores que os outros. É interessante notar que, quando coloco essas pessoas supostamente perfeitas nos desafios, elas desabam, percebem que não são as melhores em tudo e que, sim, sempre podem melhorar. Passam a respeitar as outras pessoas e a si mesmas da maneira certa, entendem que sempre estamos em constante evolução.

Não é em todo tipo de evento que o pilar dos desafios se encaixa. Por exemplo, nunca sugiro usar uma dinâmica intensa como o desafio do combate em um day training ou workshop. As pessoas estarão pouco tempo com você e, para essa dinâmica, precisam de tempo para confiar no treinador e dar credibilidade em nível suficiente. Por essa razão, evito desafios no início de qualquer evento, seja qual for.

O leader training III COE – *Conquistando excelência*, um dos treinamentos que ofereço, dura três dias e tem vários desafios, distribuídos do início ao fim.

É muito importante respeitarmos os costumes e a cultura do público na hora de criar um desafio. Se bem-feitas, essas dinâmicas serão extremamente úteis para catalisar as mudanças das pessoas e as ajudarão na identificação de seus modelos mentais e suas crenças limitantes.

QUARTO PILAR: TRANSFORMAÇÃO

Nomeamos assim as atividades e/ou dinâmicas que ajudarão cada pessoa a deixar de viver aquela crença limitante e ver uma crença possibilitadora, aprendendo a mudar seu modelo mental e a agir de maneira diferente. Os roteiros devem levar em conta atividades de transformação. A aposta é que, ao usar essa dinâmica em um evento, o participante consiga mudar suas atitudes e reações no dia a dia, aumentando suas probabilidades de obter o que tanto almeja.

Vou descrever uma das dinâmicas com que trabalho em treinamentos, que inclui uma simulação de violência física. A pessoa começa identificando aquilo que a segura, que pode ser um comportamento, sentimento, uma crença etc. Então, faz um exercício no qual bate em uma representação qualquer de suas crenças limitantes, como um saco de pancada – ela dá tapas mesmo, socos, pontapés. Logo em seguida, joga suas crenças limitantes em uma fogueira e caminha sobre a brasa. Isso gera um gatilho mental que dá o alerta do problema e inicia um processo de transformação.

Por outro lado, quando o evento é realizado pela internet, pedimos que a pessoa pegue itens que tem em casa – como folha de caderno, de sulfite, jornais e revistas, sacos de lixo – e que realize a dinâmica em casa, batendo com o saco no chão, ou em um sofá, e depois indo jogá-lo no lixo da rua. Também podemos pedir que ela escreva as crenças limitantes em um prato e depois o quebre com o pé de uma cadeira. Procuramos oferecer-lhe o mesmo efeito que teria se ela estivesse em um evento presencial.

Dinâmicas de forte impacto emocional são as que mais servem para a transformação.[11] Já sabemos que só é possível se transformar por repetição ou por forte impacto emocional. Por repetição – a famosa força do hábito –, a pessoa consegue mudar, mas leva um tempo muito maior. Com forte impacto emocional, a transformação acontece mais rápido.

Em tais atividades, utilizamos movimentos corporais, gritos e emoções profundas para gerar um processo neuro associativo que cria um gatilho a partir do treinamento na vida real da pessoa. Por exemplo, quando uma crença limitante tentar sabotar alguém, essa pessoa receberá o aviso da armadilha que está se armando e poderá, conscientemente, decidir liderar seu destino. Em termos científicos, esse gatilho é formado por trilhas neurais novas que foram fortalecidas a fim de realizar o aviso de tais armadilhas.

A dinâmica de perdão também pode ser transformadora. Suponha que um participante do evento ache que fez algum mal para uma pessoa, sinta culpa por isso e queira pedir perdão. Divido as pessoas em duplas, coloco uma de frente para a outra, e, enquanto uma é a causadora da dor e busca o aceite das desculpas, a outra representa a pessoa vítima da dor.

Uso essa transformação no seminário *Poder sem limites*, por exemplo, e a realizo no palco para que todos possam entender melhor. Certa vez, fiz a dinâmica em dupla com a Simone Escrivão, que é membro da minha equipe. Projetei meu pai nela e lhe pedi perdão na frente de todos os meus alunos. Nessa hora, a pessoa pode dizer para a outra o que quiser – "sinto muito", "me perdoe", "sou grato", "eu te amo". O representante concede o perdão, e os dois se abraçam. Foi a primeira vez que eu quis pedir perdão para meu pai por um fato que aconteceu em nossa vida. Ele já faleceu e não

---

11 É POSSÍVEL Fazer Dinâmicas de Forte Impacto Emocional em Seminários? | Marcelo Lyouman. 2019. Vídeo (3min35s). Publicado pelo canal Marcelo Lyouman. Disponível em: https://www.youtube.com/watch?v=NrZIQCV13dA. Acesso em: 20 set. 2021.

pude me desculpar quando ainda era vivo. Garanto a você: é algo que emociona profundamente e é libertador.

Se você tem determinada quantidade de crenças limitantes, o fato de colocá-las simbolicamente dentro de um saco de pancadas e socá-las lhe causará forte impacto emocional. Você estará em contato com uma das emoções mais fortes do ser humano: a raiva. Batendo ali, você grava no inconsciente sua resposta à limitação. Daí se cria um gatilho mental.

Há pessoas que acham uma bobagem o teatro de bater nas próprias limitações. A ligação entre corpo e mente está comprovada em uma série de terapias e é explicada como uma questão de bioenergética, de descargas elétricas.[12] Entre outras linhas, o psiquiatra e psicanalista austríaco Wilhelm Reich trabalhou muito com essa lógica. Corpo e mente são um sistema único, e quando você usa o corpo, faz também um reprocessamento na mente.

Talvez você se questione: "Tudo bem, o participante faz o treinamento e sente essa mudança nele. Mas o que acontece quando ele volta para o mundo real, com todas as pressões e frustrações do dia a dia?". Bem, se o treinamento foi bem feito, toda vez que a crença limitante ameaçar tomar as rédeas do seu comportamento, ele se conscientizará imediatamente do que está ocorrendo (por meio do gatilho) e conseguirá tomar uma decisão racional, em vez de se deixar levar pelo calor da emoção. Vou usar o exemplo da crença limitante de dinheiro, muito encontrada em pessoas que fazem compras sem real necessidade, apenas para consumismo, com objetivo de suprir necessidades relacionadas a um sentimento – seja tristeza, angústia ou solidão. Quando uma pessoa assim faz um exercício de transformação, na hora que bater a ansiedade ela não mais gastará dinheiro descontroladamente; ela se lembrará da dinâmica e tomará uma decisão racional de não gastar de maneira indevida. É esse gatilho mental que

---

12   BRASIL. Ministéro da Saúde. Secretaria de Atenção à Saúde. **Bioenergética**: conhecendo as práticas integrativas e complementares em saúde. 1. ed. Brasília, 2018. Disponível em: https://bvsms.saude.gov.br/bvs/publicacoes/praticas_integrativas_saude_bioenergetica_1ed.pdf. Acesso em: 30 set. 2021.

um treinador busca implementar em cada participante. Devo dizer, no entanto, que algumas vezes as dinâmicas não têm efeito imediato e precisam de exercícios complementares pós-evento, como se fossem lições de casa, a serem repetidos até que o gatilho se instale.

Um exemplo de lição de casa ligada ao seminário *Poder sem limites*, de inteligência emocional, é um exercício em que a pessoa escreve toda semana 21 características positivas sobre si. Isso deve ser feito repetidas vezes, pois, assim, mudará lentamente sua crença, e ela passará a acreditar que aquilo é sua nova verdade. O gatilho da transformação se instala.

Há muitos seminários no mercado, mas a maioria deles apresenta o conteúdo como se fosse uma aula expositiva. Nos meus seminários, prefiro que, além de adquirir muito conteúdo, as pessoas experimentem forte impacto emocional. Para isso uso ferramentas – que abordarei nos pilares a seguir – como PNL, hipnose, renascimento e inteligência emocional. O objetivo é gerar experiência para que eu consiga ajudá-las a mudar mais rapidamente.

QUINTO PILAR: RENASCIMENTO

Como os roteiros de Hollywood sabem, existem diferentes tipos de transformações. Do mesmo modo, os roteiros de eventos de treinamentos trabalham com transformações mais superficiais e mais profundas – estas são chamadas de renascimento. Nesse caso, a transformação é colocada em prática durante o evento; a pessoa não precisa esperar ir para o mundo real para ver se deu certo.

Não haverá transformação profunda, porém, se essa atividade não estiver muito bem programada. Ela precisa de um bom roteiro, de estrutura e de pessoas que ajudem no processo. Esse pilar é muito especial, não trabalho com essas dinâmicas em qualquer evento. Escolho criteriosamente quando vou usá-las, e tudo sempre é muito bem fundamentado. Não há renascimento no *Vendedor extraordinário*, por exemplo. Em *Mente milionária* também não havia essa transformação, mas acrescentamos. No meu seminário *Poder sem limites* há três dinâmicas desse tipo.

Para você entender como a profundidade desse pilar não é um exagero, existem dinâmicas que conduzem a pessoa a uma experiência de morte. A pessoa não corre nenhum risco real, é claro; mas ela simula de modo realista a própria morte. Existe outra dinâmica que simulamos a experiência de morte em que a pessoa se vê em um caixão e vai para um cemitério. Há também o *Processo Dickens*, uma atividade de visualização do futuro, como a proporcionada por um dos fantasmas no livro *Um conto de Natal*, de Charles Dickens. Quando a pessoa vive essa experiência, ela se sente como se tivesse renascido, e muitas me dizem: "Agora sou outra pessoa e entendi o que eu preciso fazer". Nesse momento, acontece o acesso à criança. Uma almofada simboliza a "criança" da pessoa materializada e as duas interagem. Esse acontecimento tem um impacto emocional tão forte, que somente quem vivenciou compreende.

> **SE VOCÊ TEM DETERMINADA QUANTIDADE DE CRENÇAS LIMITANTES, O FATO DE COLOCÁ-LAS SIMBOLICAMENTE DENTRO DE UM SACO DE PANCADAS E SOCÁ-LAS LHE CAUSARÁ FORTE IMPACTO EMOCIONAL.**

O pilar renascimento promove uma ressignificação da vida, utilizando duas ferramentas poderosas: hipnose e renascimento. Por meio dessas ferramentas, recorro também a técnicas menos consensuais, como regressões e terapia de vidas passadas. Algumas pessoas acreditam nesses processos, outras não. Respeitamos as crenças dos alunos e não obrigamos ninguém a nada – lembrando que a fundamentação precede obrigatoriamente todas essas atividades.

Um detalhe importante que nos fez obter melhores resultados com os alunos: o *Processo Dickens* que Tony Robbins usa, ele executa com hipnose, eu uso a técnica de renascimento. Outra distinção é que, no meu caso, as pessoas fazem o exercício com uma venda nos olhos e, quando vão para o futuro, eu incluo a ideia da física quântica na cena, como se elas interagissem com Deus e com o Universo. As pessoas escrevem nessa toalha seus objetivos e sonhos, colocam data e valores por trás dos objetivos. Faço com que usem essa toalha como uma venda para diversos exercícios, inclusive. Meu roteiro é diferente daquele do Tony Robbins, bem como a técnica utilizada. Lembra-se do que eu comentei sobre fazer coisas diferentes?

SEXTO PILAR: EMPODERAMENTO

Se as dinâmicas de transformação às vezes são repetidas mais de uma vez no roteiro dos eventos, as de empoderamento também podem aparecer. Empoderar uma pessoa, no nosso vocabulário, é o ato de conceder poder, mudando o estado dela de 0 para 10. Por exemplo, se ela estiver apática, não estará preparada para fazer um grande desafio. Então, faço a dinâmica de empoderamento para que ela se sinta preparada para executar o desafio de modo firme. Assim, ela conseguirá potencializar suas forças e acionará recursos como determinação e autoconfiança.

Há vários modos de trabalhar esse pilar: usando o círculo de excelência, o alinhamento de níveis neurológicos com o mentor, as âncoras de PNL etc.[13] Para citar apenas um desses modos, embasado na inteligência emocional e na neurociência: a promoção de uma mudança na mente e no coração, ativando neurotransmissores para que os hormônios distribuídos no corpo façam a pessoa mudar seu estado. Endorfina, serotonina e dopamina levam a um estado de mais euforia;

---

13   QUAIS são os 5 pilares da Inteligência Emocional. **PUCRS Online**, 23 jul. 2020. Disponível em: https://blog-online.pucrs.br/public/pilares-inteligencia-emocional/. Acesso em: 20 set. 2021.

já ocitocina gera mais afeto e amor; e testosterona, mais firmeza, poder, determinação e autoconfiança.[14] No exercício de empoderamento que faço, promovo a ativação dos hormônios que, consequentemente, alteram o estado emocional do aluno.

O pilar de empoderamento é o que encerrará seu evento. Uma vez que você, como treinador, transforma o estado emocional e/ou mental das pessoas, esse pilar deve ser a última etapa do evento – independentemente de durar um ou vários dias, pois vale como um ritual de passagem. Em um evento de dois dias, por exemplo, você pode encerrar o primeiro dia com empoderamento, assim a pessoa retorna no segundo dia animada, pronta para a próxima parte. No final, você coloca em prática novamente esse pilar para a pessoa acreditar que ela consegue aplicar tudo que vivenciou. Resumindo, o empoderamento é uma lição de casa para o aluno aplicar em seu dia a dia, logo é importante ensinar cada um a repetir essa ferramenta por conta própria.

Os resultados do empoderamento me causam grande satisfação pessoal. Tenho alunos que não falavam em público e hoje têm bastante desenvoltura com um microfone na mão; que não dirigiam e hoje são ótimos motoristas; que não conseguiam se posicionar diante do chefe e hoje o enfrentam em pé de igualdade. Exercícios de empoderamento mudam o estado da pessoa e, com a repetição, ela passa a fazer aquilo de maneira excelente.

É primordial nunca começar um evento com uma dinâmica focando o empoderamento – sob pena de os "rebocados" acharem que estão dentro de um movimento fanático.

SÉTIMO PILAR: RETORNO

Em meus eventos, minha intenção é sempre fazer a pessoa retornar para um próximo evento diferente do primeiro de que ela participou.

---

14   OS HORMÔNIOS da felicidade. **Unimed,** 21 maio 2019. Disponível em: https://www.unimed.coop.br/web/cabofrio/noticias/os-hormonios-da-felicidade. Acesso em: 21 set. 2021.

Se ela está no evento A, quero que participe do B. Quando a pessoa comprar o evento B, que comece a se preparar para um retorno no C.

No pilar de retorno, o objetivo é um evento vender outro. Um bom roteiro prevê múltiplos estímulos, chamados pitches de vendas, para que as pessoas retornem. A palavra pitches está no plural porque são vários mesmo. Eles não são só um discurso de vendedor; eles foram planejados. Em outras palavras, não se trata simplesmente de fazer uma venda e, se você fizer somente isso, não vai dar certo. O que vai dar certo é a construção que você fará.

É no pilar de retorno que aparece o desconforto com vendas, uma crença limitante que atrapalha muitos treinadores. Nossa missão é transformar vidas, mas também temos de manter o olhar no negócio. Se não o fizermos, não vamos conseguir escalar.

A seguir, apresento as maneiras de fazer a escalabilidade de modo sustentável para o seu crescimento – sem dar margem para desistência – previstas no roteiro dos eventos:

- Pitch loja;
- Pitch escala;
- Pitch principal;
- Pitch *dream come true;*
- Pitch contraste.

Todos eles têm lugar e hora certa para acontecer, e você precisa determinar isso no seu roteiro. A ordem dos pitches não é fixa. Eles podem entrar em posições diferentes, movimentando-se dependendo do tipo de evento e de sua duração.

No pitch loja, você poderá vender camisetas, livros, *squeezes*, perfumes, chaveiros, pulseirinha do seu instituto etc. Todo evento pode ter o pitch loja.

No pitch escala, você induz os participantes a trazerem outras pessoas, fazendo com que eles mesmos comprem ingressos para outras, como presentes.

O pitch principal é para vender o próximo evento da sua esteira.

O pitch *dream come true* cria as condições para que as pessoas se abram às oportunidades.

Já o pitch contraste não serve necessariamente para você vender alguma coisa; ele faz um contraste em relação ao pitch principal, a fim de tornar este mais atraente. Um exemplo:

Você vai a um restaurante e pede a carta de vinhos. Lá existem três colunas: vinho 1, vinho 2 e vinho 3.

- O vinho 1 custa 900 reais;
- O vinho 2 custa 347 reais;
- O vinho 3 custa 99 reais.

O vinho 1 vira o contraste para o vinho 3, que custa 99 reais, para que o vinho 3 fique parecendo "mais barato" e acessível. Uma garrafa de vinho de 99 reais não é barata, certo? Se ela aparecesse sozinha na carta, você poderia considerá-la cara e decidir não comprar. Quando há o contraste, seu preço parece baixo, logo, você compra algo que possivelmente não compraria se ele estivesse sozinho.

O pitch contraste aparecerá no evento com um valor alto e, quando você olhar para ele, o pitch principal vai parecer barato. Valerá mais a pena para as pessoas comprar o pitch principal. E, se por acaso alguém quiser comprar o vinho de 900 reais, ele poderá ser vendido sem problema algum.

Em alguns eventos, todos os pitches entram no roteiro; em outros, apenas alguns são acionados. É preciso minimizar o desconforto que alguns participantes podem sentir ao ouvir o pitch de vendas, e o modo de fazer isso é apresentá-lo de maneira que dê resultados positivos para as pessoas. Dá para fazer um pitch leve aos ouvidos e sentimentos das pessoas que estão ali e que, ao mesmo tempo, seja assertivo nos resultados.

05.

ESCUDERIA

TREINADOR NÃO É UM CAVALEIRO SOLITÁRIO

Diferentemente do palestrante, o treinador precisa de duas equipes: uma operacional para apoiá-lo no treinamento e outra comercial que prepare as pessoas para ele vender seu produto. O palestrante pode ter uma equipe comercial se quiser, mas não é necessário. Já o treinador precisa das duas.

Quando iniciei minha carreira de treinador, eu me sentia uma espécie de "canivete suíço humano": criava a apresentação de *slides* e palestrava, vendia ingressos e realizava as inscrições, estudava os conteúdos e escrevia as postagens na internet. Isso mudou, muitas dessas etapas são feitas pelas minhas equipes.

Mas como montar equipes?

Em primeiro lugar, é muito importante você convidar pessoas já conectadas com a sua missão, geralmente porque vivenciaram um produto seu e se encantaram com ele. São pessoas capazes de tomar para si uma missão que é sua: adicionar cada vez mais gente em seus eventos. Afinal, só conseguimos transformar pessoas e mudar o mundo se há a presença de pessoas em nossos eventos.

A sintonia é tanta em torno da missão no Instituto Lyouman que costumo dizer – por mais piegas que pareça – que meus times e eu deixamos de ser uma equipe e nos tornamos ferramentas de ajuda e de doação para aqueles que estão ali. Antes dos eventos, já sabemos o que está prestes a acontecer. O objetivo é fazer com que os presentes tenham uma vida extraordinária e que saiam do evento transformados positivamente, rumo a uma vida melhor.

Isso começa com a equipe operacional, mas depois a equipe comercial se junta ao processo. Chega o momento em que todos estamos voltados para a transformação de vidas.

No final do evento, depois de feito todo o processo de transformação dos participantes, recuperamos nossa personalidade de empresa comercial com fins lucrativos e propomos às pessoas que, se elas amaram estar ali naquele dia, que venham mais vezes.

Em segundo lugar, você tem de oferecer treinamentos contínuos para os membros da sua equipe. Você não pode deixá-los atuando por conta própria. Pelo menos uma vez por mês, reúna-se com eles para aprimorar os processos de vendas.

SÓ CONSEGUIMOS TRANSFORMAR PESSOAS E MUDAR O MUNDO SE HÁ A PRESENÇA DE PESSOAS EM NOSSOS EVENTOS.

Em terceiro, você precisa motivar as pessoas de todas as maneiras possíveis. Elas já são incentivadas pela missão, mas a motivação financeira também é importante. Ter uma mentalidade de abundância é bem relevante nesse caso. Com isso, você perceberá que as pessoas vão querer, cada vez mais, estar inteiramente compromissadas com a missão, desejando viver só disso – o que é uma notícia muito boa para o seu negócio.

Agora, para me aprofundar na gestão dos times, vou separar a equipe comercial da operacional. Gosto de chamar essas equipes de escuderia, como vemos nas corridas de Fórmula 1. A escuderia tem de ser coesa e muito bem treinada para que seja capaz de trocar um pneu em menos de três segundos no *pit stop*.

ESCUDERIA COMERCIAL

Você deve arrumar tempo para explicar para essas pessoas exatamente como elas têm de vender seu produto e, depois, fará com que mostrem a você como vão vendê-lo. Faça muitas simulações durante esse treinamento. Oriente as pessoas a entrarem em contato com suas redes e simularem uma venda na vida real.

Outro modo de treinar é a comparação entre pares. Há sempre uma pessoa que se dá melhor nas vendas e realiza tudo de um jeito muito especial. Então, você deve localizar rapidamente essa pessoa e pedir a ela que compartilhe com os outros como ela está vendendo. Sempre sugiro que os treinadores dividam seu comercial em dois grupos, façam uma competição entre ambos e presenteiem o grupo vencedor, para incentivá-lo. Esse também é outro modo de os pares se compararem.

Seu treinamento precisa abranger técnicas e ferramentas de vendas, em especial relacionadas a vendas de um produto específico – afinal, vender algo tão específico quanto um seminário ou treinamento é bem diferente de vender um produto físico. A equipe que irá a campo para falar do seu treinamento a familiares, amigos e conhecidos precisa saber como fazer isso, para conseguir vender continuamente para você.

Para motivar essas pessoas, é preciso seguir a praxe de pagar uma boa comissão. Há pessoas que se motivam tanto que querem deixar o emprego para trabalhar para você, tornando essa a principal fonte de renda delas. Você precisa pensar de maneira abundante na hora de definir as comissões e compartilhar os ganhos, já que nossos pensamentos conduzem a nossa vida. Se você pensar em escassez, a sua vida será direcionada para a escassez. Pensar de maneira abundante é, por exemplo, olhar para o pagamento crescente de impostos e enxergar que está entrando mais dinheiro para você. Do mesmo modo, pensamento abundante é entender que, quanto mais comissões você paga, mais receita de vendas entrará para você. Seja grato por tudo isso. Essa gratidão lhe proporcionará abundância na vida. Não fique nas mesquinharias da escassez: não importa quanto sobrará depois que você subtrair a taxa da plataforma de pagamento, a comissão, os impostos, os custos de material, a locação do espaço. Sobrará lucro para você, e quanto mais melhor.

Em meu time comercial, os vendedores começam ganhando uma comissão de 15% e sobem de patamar à medida que mostram seu potencial, chegando a 30%.

ESCUDERIA OPERACIONAL

Já vimos que o palestrante é autossuficiente em termos operacionais. Sozinho com sua maleta, ele liga o computador, começa a palestra e pronto! Às vezes, ele mesmo vende livros no final da palestra. O treinador, por sua vez, não é autossuficiente; ele precisa de uma equipe operacional, em especial para treinamentos de forte impacto emocional e para seminários como os que eu faço.

Como se treina a equipe operacional de um evento?

Para começar, é preciso que todos os integrantes do time tenham passado pelo mesmo treinamento. Se você vai oferecer um treinamento do tipo leader training, todos os membros da sua equipe precisam ter passado por um LT antes. Se você lançar um evento novo, como um seminário de vendas, faça o pessoal participar de algum já existente, oferecido por um concorrente; de alguma maneira, eles precisam vivenciar o produto que será colocado no mercado.

Os integrantes da equipe também devem participar de reuniões preparatórias dos eventos lideradas diretamente por você. Recomendo que ocorram no mínimo três reuniões para repassar minuto a minuto do que acontecerá no evento. É assim que trabalho com a minha equipe. É claro que você fará isso na primeira, na segunda e na terceira vez que trabalharem juntos, mas não para todo o sempre. A partir de determinado momento, não serão mais necessárias tantas reuniões, porque a equipe saberá de cor e salteado tudo que há para fazer, e o modo correto de fazê-lo.

Além das reuniões, você deve ter um manual detalhado de procedimentos para cada evento e um checklist padrão a ser feito antes do evento, capaz de revelar, a tempo, se algo pode dar errado. Eu disponibilizo o manual de procedimentos em PDF para os membros da minha equipe; eles abrem o arquivo no próprio celular e o consultam durante o evento.

Se por acaso você não quiser que as pessoas do seu time circulem com o celular na mão no recinto do evento, imprima o manual para elas. Circular com papéis em mãos é algo esperado, e elas terão como conferir qual será o próximo passo. Mas o manual não pode faltar; ele faz toda a diferença.

ESCUDERIA *VERSUS* EQUIPE DE APOIO

A escuderia que vemos trocar pneus nos *pit stop*s da Fórmula 1 é sempre muito bem treinada e coesa. Eu diria mesmo impecável. Mas como fazer a mesma coisa nos nossos institutos, se há pessoas que atuam há um bom tempo ali e outras acabaram de chegar? É natural que, pela inexperiência, estas falhem em algum momento. Como devemos agir nesses casos?

Pensando nisso, criei dois tipos de equipes dentro da minha operacional de eventos. Uma é a equipe madura, que chamo de escuderia, e outra, a equipe de apoio, constituída pelas pessoas ainda não totalmente treinadas, que não viveram todo o processo repetidas vezes. Dividi assim porque sei que a turma nova tende a falhar mais, apesar do manual.

Guarde esta lição: você sempre precisa ter pelo menos uma equipe muito bem treinada para que tudo dê certo durante o seu evento. Se tiver uma equipe bem treinada, e mais o planejamento detalhado do treinamento, você vai garantir que tudo dará certo.

Observação: não me refiro a tudo como um conceito matemático, de totalidade, porque perfeição não existe. Eu me refiro a um produto que elevará significativamente os resultados do seu evento. Um processo que fará a experiência percebida pelos clientes ser a de qualidade máxima, mesmo que você ainda enxergue algumas oportunidades de melhoria.

06.

BUSINESS ESTRATÉGICO

PLANEJAR É ESSENCIAL

É extremamente importante ter uma equipe comercial dentro de um instituto e saber fazer pitches de vendas. As duas coisas funcionam como uma engrenagem, e a estratégia do negócio é o óleo que faz essa engrenagem funcionar.

Como já citado, muitos treinadores ainda não se preocupam em elaborar uma estratégia de negócio ao entrar no segmento de treinamentos e seminários. Isso afeta a saúde das suas empresas e acaba fazendo com que "patinem" no processo. Essas pessoas acreditam que o segredo está em fazer um próximo curso, e estão enganadas. Não é isso que vai lhes dar um salão cheio, e sim a estratégia comercial, de negócio. É saber fazer os pitches de vendas, ter esteiras de produtos muito bem elaboradas e aproveitar os eventos para vender.

Tudo começa e termina na ação de encantar o cliente. E ele não se encantará por uma única coisa – talvez a sua humildade o seduza, a qualidade do serviço prestado, a estrutura que você oferece e também a experiência proporcionada. Mas outra coisa que encanta os clientes, e muita gente se esquece disso, é sempre ter algo a mais para oferecer. Se você tiver somente um produto, as pessoas sentirão um vazio. Você precisa ter esteiras de produtos.

AS ESTEIRAS DE PRODUTOS

O cliente se encanta quando vivencia um produto acima do padrão. Agora imagine se você puder oferecer o próximo produto com a promessa de ser tão excelente quanto o primeiro? E se depois do segundo existir o terceiro? É assim que a Walt Disney World promove alegria máxima para seus clientes. Cada parque é uma esteira de produto: o cliente sai de uma e se programa para a próxima.

O mercado de coaching está acostumado com um portfólio diversificado de produtos: há life coaching, coaching de carreira, executive coaching e assim por diante. Quem entra nesse mundo quer comprar e consumir todos esses produtos. No mundo dos treinamentos e dos seminários não é diferente. Mesmo que a formação de treinador seja padronizada, você pode ser um treinador life trainer, um business trainer, um treinador de prosperidade. A formação de treinadores do Instituto Lyouman prepara o profissional em todos esses segmentos: em nove dias, apresento todos os tipos de seminários e treinamentos que tenho, um total de dezesseis produtos relacionados a desenvolvimento humano.

Tenho três esteiras de produtos, o que significa que faço diferentes composições com eles. Minha primeira esteira funciona como porta de entrada para o mercado, é composta de seminários – o *Mente milionária*, o de vendas e o de business. Na porta de entrada, devem estar os produtos de custo mais baixo, de preferência com o preço final mais acessível do mercado. Observe que selecionei propositalmente três seminários para essa estratégia, embora palestras sejam

CADA PARQUE É UMA ESTEIRA DE PRODUTO: O CLIENTE SAI DE UMA E SE PROGRAMA PARA A PRÓXIMA.

mais baratas. Fiz isso porque no estado de São Paulo – localização do instituto –, as palestras já estão desgastadas. O número de participantes em palestras diminuiu, pois a maioria delas é gratuita e há muitas no mercado. Meu foco são os seminários, e estes não são gratuitos. Com a pandemia de covid-19, o cenário ficou ainda pior: no presencial tudo parou e na internet a quantidade de ofertas de produtos que atraem por serem gratuitos aumentou expressivamente.

Minha segunda esteira contém os produtos de inteligência emocional. Quando as pessoas estão no seminário de inteligência emocional, eu as conduzo para mais dois produtos – os treinamentos de forte impacto emocional (que são os leader trainings, como o *Vida extraordinária* e o *COE – Conquistando excelência*) e o day training, cuja estrutura genérica permite que você adapte a qualquer conteúdo.

FLUINDO ENTRE AS ESTEIRAS

Para não haver problema, as esteiras de produtos precisam rodar muito bem. É como naqueles aeroportos, ou em estações de metrô, em que você sai de uma esteira rolante e vai para outra. Você precisa definir os seus produtos de maneira estratégica, tornando-os mais tangíveis, fáceis de entender e com os potenciais benefícios bastante claros.

Vender diretamente o leader training é muito mais desafiador do que fazê-lo em uma sequência de esteiras de vendas. Isso porque o LT é um produto com muitos aspectos originais, que só devem ser revelados na hora do treinamento, e, assim, precisamos omitir partes dele, tornando a venda menos concreta em termos de benefícios e, consequentemente, trazendo maiores objeções.

Partindo disso, começo com o seminário *Mente milionária*, que ensina ao aluno como usar melhor seu dinheiro e ganhar mais para multiplicar o patrimônio (produto mais tangível em termos de benefícios). Logo, as pessoas terão clareza sobre os resultados que elas conquistam em um seminário sobre saúde financeira. Muitas delas perderam bastante dinheiro na vida e querem resgatá-lo.

Do mesmo modo, no seminário de business eu falo sobre gestão de pessoas aos que querem deixar de ser um empresário amador e se tornar um empresário profissional, levando sua empresa para o próximo nível. Isso deixa muito tangível a necessidade de um evento de inteligência emocional na sequência.

Quando as pessoas fazem o seminário de inteligência emocional, sofrem uma transformação profunda e forte impacto emocional. Nesse programa, eu faço o *firewalking*, dinâmicas diversas e três renascimentos. Então, para finalizar, eu realizo a venda de dois eventos, na qual a pessoa compra um e ganha outro de bônus.

Agora, sim, eu vou vender o LT1 – *Vida extraordinária* e dou de presente o LT3 – *COE*. Nesse ponto, as pessoas já estarão desejando esses dois produtos. Por que a venda dupla? Bem, não posso oferecer os dois separadamente e deixar que a pessoa escolha de qual leader training prefere participar. Se eu fizer isso, vou gerar nela o tal paradoxo da escolha, e a pessoa terá dificuldade de escolher entre um e outro. Essa situação não é boa para o meu negócio, porque com frequência leva o consumidor a não comprar nenhum dos dois produtos. Então, eu vendo um e dou o outro de bônus, e, assim, as pessoas compram uma única vez e podem participar dos dois treinamentos.

Se você é um treinador de desenvolvimento humano, deve aprender desde cedo sobre a importância de não romantizar as situações. O romantismo do negócio está na missão, mas o business nunca pode ser romantizado. Você precisa ter uma *Mente milionária*. Tem de saber vender e amar fazer isso. E precisa se tornar um empresário profissional, não um empreendedor. É muito importante você reunir esses três conhecimentos.

DIFERENÇA ENTRE OS FORMATOS DE EVENTOS

Ainda no que diz respeito à diversidade de produtos, vou falar sobre as diferenças de formato, entre palestra, workshop e day training. Uma palestra tem, no máximo, três horas de duração. Devido ao pouco tempo disponível, é mais desafiador realizar uma transformação profunda na vida dos presentes com esse formato de evento. Algumas pessoas até vão à palestra e têm a sua vida mudada, mas é algo bem raro de acontecer. Um workshop leva de três a seis horas e o day training, de seis a doze horas. Quanto mais tempo você passar com as pessoas, maior será a transformação delas e mais fácil será fazer a venda. É por isso que eu quase não faço palestras e prefiro investir em outros formatos.

Você pode oferecer um workshop como porta de entrada do seu instituto, se tiver em mente que não precisa lucrar, apenas cobrir os custos. Assim, você consegue cobrar um valor baixo para levar as pessoas ao primeiro treinamento de suas vidas. Mas analise o custo com cuidado, divida-o pelo número de pessoas que participarão do evento e cobre de acordo com isso. Insisto nesse ponto, pois é importante que você não tenha prejuízo.

Hoje é difícil cobrar por uma palestra, mas o mesmo não acontece com um seminário de dois dias, por exemplo. As pessoas aceitam pagar por esse tipo de evento e, assim, você consegue cobrir os custos. Eu tenho até lucrado com esse produto, tenho um espaço para usar quantas vezes quiser. Como ofereço o serviço a um preço baixo, as pessoas comparecem em massa.

A PAUTA DO COMERCIAL

A equipe comercial é muito importante para levar as pessoas para o seu evento. Basicamente, ela vai se pautar em três pontos:

- Ter vendedores (farão vendas um a um);
- Ter vendedores-palestrantes (ministrarão palestras e venderão de um para muitos);
- Usar a internet (atrair audiência com um produto gratuito, sendo possível alcançar mais pessoas).

Como vimos no capítulo anterior, primeiro você precisará de vendedores – remunerados com comissões sobre vendas. Eles acessarão as próprias redes de contatos – amigos, familiares etc. –, atraindo pessoas que consumirão sua primeira esteira de produtos.

Então, você lançará palestras para os vendedores-palestrantes, tomando cuidado para não sofrer prejuízo. Esses palestrantes também levarão pessoas para dentro do seu instituto, igualmente remunerados com comissões sobre vendas. Se você não quiser ter agora vendedores-palestrantes, precisará que seus treinadores – e você mesmo – cumpram esse papel. Por oito anos, fui vendedor-palestrante do meu instituto, angariando mais pessoas para os meus treinamentos, mas hoje não faço mais isso.

Por fim, o treinador usará a internet para divulgar de modo orgânico seus treinamentos, ou seja, criará conteúdos para as redes sociais. É muito importante usar a sua conta no Instagram, apresentando seu instituto por meio de *lives*. Você deve sempre compartilhar vídeos e criar postagens para alimentar suas redes sociais. Precisará também anunciar seus produtos na internet.

De onde vêm os clientes? Todos os vendedores do instituto acionarão suas redes de contatos, que são de cinco tipos. Eu as reuni no acrônimo FÁCIL:

F – Família. Os vendedores devem levar a família para fazer o treinamento.

A – Amigos. O próximo passo é levar também os amigos.

C – Conhecidos. Nesse caso, os vendedores entrarão em contato com os conhecidos, vizinhos, colegas do trabalho etc.

I – Indicações. Eles também buscarão indicações feitas por sua família, seus amigos e conhecidos. Pedirão a essas pessoas que apresentem conhecidos que possam se interessar pelo treinamento. Sua mãe pode falar com a manicure, com a vizinha, com a melhor amiga. É uma força-tarefa que seus vendedores terão de estruturar.

L – Livre. São aquelas pessoas que os vendedores não conhecem, como as alcançadas por meio da internet, por exemplo.

O CUSTO DOS EVENTOS

Você deve perseguir custos baixos ou custo zero, principalmente no início de sua jornada. No momento, abordarei exclusivamente custos de eventos presenciais. Por meio de sua network, talvez você consiga espaços gratuitos para suas palestras de captação, que serão igualmente gratuitas. E, se não tiver a quem recorrer, poderá realizá-las em escolas, espaços religiosos, teatros etc. – oferecendo uma doação de

SE VOCÊ É UM TREINADOR DE DESENVOLVIMENTO HUMANO, DEVE APRENDER DESDE CEDO SOBRE A IMPORTÂNCIA DE NÃO ROMANTIZAR AS SITUAÇÕES.

alimentos a esses locais, por exemplo. Funciona assim: você conversa com a direção de uma escola, solicita a cessão de uma sala fora do horário de aulas – os momentos de ociosidade do prédio costumam ser as noites dos dias úteis ou o sábado de manhã – e informa que pedirá aos participantes 1 quilo de alimento em retribuição, alimentos estes que serão doados para a escola. Simples, não? Assim, haverá uma ação social ligada ao seu evento, além do benefício de aproveitar o espaço. Mas atenção: obviamente, a palestra não deve ser para os alunos da escola.

O mesmo tipo de negociação é viável em igrejas, que têm salas para cursos de primeira comunhão, cursos de noivos etc. E aqui eu me refiro a qualquer religião; você não precisa ser seguidor de nenhuma. Os centros espíritas costumam possuir espaços para palestras tanto quanto as igrejas evangélicas. Conheço vários treinadores que começaram a carreira em igrejas evangélicas, conseguindo usar suas salas mesmo sem serem fiéis. Lojas maçônicas, com seus grandes salões, são mais uma opção. Se você tiver contato com vereadores da cidade, talvez consiga palestrar gratuitamente em teatros da prefeitura.

A preocupação com o custo baixo deve ser permanente. Eu a mantenho até hoje. Por exemplo, tenho um espaço próprio, mas ele não comporta todos os eventos do meu portfólio. O que eu faço? Alugo meu espaço para outros treinadores darem suas palestras ou trabalharem outros produtos de entrada e, com a receita obtida nessa locação, contrato uma sala grande em um hotel.

Para garantir o público dessas palestras, você pode divulgá-las organicamente na internet, o que sai barato, e abrir as inscrições em um site chamado Sympla. Ele não cobra nada por isso se o evento for gratuito. Se a palestra precisar de um empurrão para aumentar o número de inscrições, você terá de pagar por um anúncio. Então esse valor deverá estar contabilizado dentro dos custos da palestra.

Como já comentei, a ideia da palestra gratuita está desgastada em território paulista. Em média, há aproximadamente 20% a 30%

de presença entre os inscritos. Há muitas pessoas de outros estados. Em outros lugares do Brasil, a taxa de presença é maior, de 50% ou até 70%. Essa é a conta que você deve fazer para não ser pego de surpresa.

Sobre os treinamentos em hotel, eles oferecem uma experiência muito mais imersiva. A pessoa acaba participando mais do processo, dormindo no hotel, abandonando sua rotina por um período e, assim, focando inteiramente no evento. Caso ela volte para casa, a imersão é interrompida e atrapalha o processo, pois ela se lembra dos problemas, das questões familiares ou do trabalho, por exemplo. No entanto, do ponto de vista comercial, é mais dispendioso levar as pessoas para um hotel por causa dos custos extras, como hospedagem – o que aumenta as objeções.

CONDIÇÕES TRABALHISTAS

Por fim, tratemos das condições de trabalho dos vendedores, que precisam obrigatoriamente constituir uma pessoa jurídica com CNPJ, em geral na categoria de Microempreendedor Individual (MEI). Eles não têm horário a cumprir e nem salário fixo – são remunerados apenas por meio de comissões, ou seja, precisam vender. O vendedor tem de 15% a 30% de comissão. Não é pouco. Se o ingresso de um evento custar 800 reais e ele vender ingressos para cinquenta pessoas em um evento de 230 lugares, receberá 8 mil reais, imaginando uma comissão de 20% sobre as vendas. Dois eventos desses por mês já pagam muitas contas.

É possível também negociar novas condições com os vendedores-palestrantes conforme a ajuda deles. Você pode oferecer pagar 40% de comissão se ficarem incumbidos de conseguir, por conta e risco deles, um lugar para sediar o evento.

OS PITCHES DE VENDAS

O sucesso dos pitches de vendas está longe de depender só dos vendedores. É um trabalho em equipe. Dois fatores evidenciam isso: um é a criação de um ambiente sinestésico, com estímulos para os cinco sentidos – já que as coisas acontecem de maneira física, não somente na forma verbal; outro é o seeding.

A semeadura acontece quando o treinador – seja no palco presencial ou no digital – fala sobre um produto que não é o tema do seminário em andamento. Faço seeding quando, no seminário *Mente milionária*, comento sobre a importância da inteligência emocional, pois ela nos ajuda a colocar o dinheiro no lugar certo. Estou passando uma informação relevante para o público presente, mas meus vendedores sabem que essa é a deixa para os pitches de vendas do seminário de inteligência emocional. O seeding posiciona um produto na mente das pessoas, descrevendo-o, mostrando sua importância, listando seus benefícios.

Depois do seeding, o vendedor aborda o possível comprador como se este já estivesse familiarizado com o produto, e isso facilita o fechamento da venda.

Em um pitch principal, cabe ao treinador fazer a pergunta certa para deixar a plateia especialmente inclinada a comprar. Um exemplo é quando eu pergunto "Tudo o que estamos vivenciando aqui faz sentido para vocês, sim ou não?". Ao responderem "sim", as pessoas me validam como treinador, e isso é meio caminho andado para elas dizerem "sim" para as próximas perguntas também.

Então, eu peço permissão para fazer a oferta de venda: "Eu tenho falado sobre inteligência emocional para vocês e tenho um produto que é exatamente sobre isso. Quem aqui me permite falar cinco minutos sobre esse produto? Levante a mão!". As pessoas erguem os braços, e aí eu faço o pitch principal. Pedir permissão é muito importante nesse processo, porque as pessoas ficam mais abertas e o pitch deixa de lhes parecer desconfortável.

O SEEDING POSICIONA UM PRODUTO NA MENTE DAS PESSOAS, DESCREVENDO-O, MOSTRANDO SUA IMPORTÂNCIA, LISTANDO SEUS BENEFÍCIOS.

Com antecedência, as fichas de inscrição para os treinamentos do pitch já foram arrumadas, e então solicito às pessoas que as preencham. Enquanto preenchem, discorro sobre a importância do produto, mas não falo seu preço – apenas comento que estou oferecendo a elas uma oportunidade incrível. Sinalizo que podem pagar o evento parcelado no cartão de crédito e que quem optar pelo pagamento à vista (inclusive por transferência bancária) terá desconto, mas ainda não lhes digo o valor. Aponto para os vendedores e peço aos presentes que entreguem as fichas preenchidas a eles. "Vocês estão vendo lá atrás o pessoal da equipe?", informo seus nomes, solicito que levantem o braço.

Usarei o valor de mercado do seminário de inteligência emocional como exemplo da minha argumentação de vendas. Normalmente, o investimento desse evento é de 1.500 reais. Sempre destaco o número cheio, com o cifrão, o ponto e a vírgula – assim, parece que o número é maior do que realmente é. O preço quebrado dá a sensação de que é menor, parece mais barato; ele exerce influência psicológica porque 1.000 é diferente de 999, por exemplo. É uma estratégia de venda adotada pelo comércio. Perceba que não encontramos preços redondos nas vitrines.

Em seguida, ofereço uma oferta irresistível, que pode ser o valor de 497 reais à vista ou em doze parcelas de 49,70 reais. Nessa hora, é importante afirmar que esse não é o valor usual do produto. Então, a compra deve ser feita naquele momento se a pessoa quiser aproveitar o desconto. Instigo o meu público a dividir o valor no mês e mostro a ele que o investimento sairá por menos de 2 reais por dia.

Ofereço algo melhor ainda: a cada ingresso comprado, elas ganharão outro para levarem alguém que considerem importante estar junto neste processo. Por sinal, isso é escalar. Levar o maior número de pessoas para o seu evento, mesmo que uma parte de não pagantes, porque depois você vai fazer outro pitch lá.

E como terminar um pitch com chave de ouro? Após a oferta irresistível, desço do palco e digo assim: "Pessoal, agora venham aqui

EM UM PITCH PRINCIPAL, CABE AO TREINADOR FAZER A PERGUNTA CERTA PARA DEIXAR A PLATEIA ESPECIALMENTE INCLINADA A COMPRAR.

comigo". Então, eu os conduzo para o lugar onde realizarão o pagamento e falo: "Preciso confirmar algo depois com o meu time. Tive uma ideia, mas não sei se dará certo". Depois, informo que a oferta vale apenas para os primeiros cinquenta da fila – já havia calculado que a oferta geraria interesse em cinquenta pessoas mesmo. Assim, gerei um gatilho de escassez ao limitar o número de pessoas que poderiam aproveitar a oferta.

Tenha em mente que o valor ancorado precisa ser compatível com a oferta irresistível para você não perder credibilidade. Se o valor ancorado no site fosse 3 mil reais e você fosse vender por apenas 497 reais, é muita diferença. A regra é que o valor oficial não seja mais que quatro vezes o valor praticado na oferta, ou as pessoas estranharão.

Agora, eu vou soltar uma verdadeira granada. Há um treinador estadunidense, chamado Grant Cardone,[15] que se destaca muito no Instagram. Ele bateu o recorde de público ao colocar 33 mil pessoas em um estádio de futebol, em Miami. Veja a promoção que o Grant Cardone estava fazendo para seu produto, o *10x Growth Conference*: em 2017, ele atraiu 3 mil pessoas para o seu evento; em 2018, o mesmo número; em 2019, o número saltou para 33 mil pessoas, uma alavancagem de dez vezes.

É perfeitamente possível escalar seu negócio de treinamento de

---

15   Saiba mais em: O REI DAS VENDAS - A HISTÓRIA DE GRANT CARDONE. 2019. Vídeo (10min52s). Publicado pelo canal Passo a Passo Empreendedor. Disponível em: https://www. youtube.com/watch?v=AIJM_T7zYmg. Acesso em: 20 set. 2021.

maneira sustentável. Basta ter bem projetadas as suas esteiras e, quando você levar as pessoas para o próximo treinamento, o valor dessa venda terá de ser no máximo dez vezes o que elas estão pagando agora. Se vendi para você o ingresso do treinamento de inteligência emocional por 497 reais, a próxima oferta que lhe farei tem de ser no máximo dez vezes esse valor – ou 4.970 reais.

07.
CONEXÃO

COMO ESTABELECER CONFIANÇA

A alta performance em treinamentos depende de um ambiente de confiança. E não apenas confiança no treinador e no trabalho que ele vai realizar, mas também confiança de que o público terá os melhores resultados possíveis em sua vida pessoal.

Confiança começa pelo rapport. Em outras palavras, gerar empatia com o público. Essa técnica foi popularizada pelo psiquiatra norte-americano Milton Erickson, que a utilizou muito em seus atendimentos terapêuticos.[16] Para Erickson, toda pessoa chegava ao consultório resistente ao processo. Adotamos esse mesmo conceito no mundo dos treinamentos, pois, por experiência própria e de inúmeros relatos de treinadores que conheço, aproximadamente 35% do público

---

16   A HIPNOTERAPIA Ericksoniana e Suas Técnicas. **Alberto Dell'Isola** [s.d.]. Disponível em: https://albertodellisola.com.br/hipnoterapia-ericksoniana-e-suas-tecnicas/. Acesso em: 20 set. 2021.

chega a um evento sentido desconfiança. Em decorrência disso, todo treinador tem de ser um especialista em estabelecer vínculo com seu público, seja de um para um, seja de um para muitos. A ferramenta rapport nasceu com a hipnose, na qual a conexão e a confiança são fundamentais para que se registre um bom efeito terapêutico.

ESTÍMULOS SENSORIAIS

Para fazer um bom rapport de um para muitos – necessário em eventos de treinamento –, é importante, antes de mais nada, que o treinador estimule ao máximo os sentidos desse público.

Para estimular os presentes, você deve utilizar melhor os sistemas de som, luz e visual, o que pode acontecer por meio de projeções em um telão, com ferramentas e experiências possíveis tanto no evento presencial quanto no on-line. Quanto mais você explorar isso, melhor será a sua conexão com o público.

Estimulo primeiro o sentido da visão, por meio de uma técnica que se chama ativação neural fotônica. Trabalho com cores, e a luz estroboscópica estimula bastante o sentido visual.

> ## QUANTO MAIS VOCÊ EXPLORAR ISSO, MELHOR SERÁ A SUA CONEXÃO COM O PÚBLICO.

Em seguida, foco no som por meio da ativação neural auditiva – alguns tipos de música levam a pessoa a outro nível. Utilizo, por exemplo, as do tipo binaural[17] e há milhares delas no YouTube (para quem tiver curiosidade em conhecer mais, basta realizar uma

---

17 KURTZ, J. V. Binaural Beats: saiba tudo sobre a técnica que promete ajudar a dormir. **TechTudo**, 6 jul. 2020. Disponível em: https://www.techtudo.com.br/noticias/2020/07/binaural-beats-saiba-tudo-sobre-a-tecnica-que-promete-ajudar-a-dormir.ghtml. Acesso em: 20 set. 2021.

busca com as palavras "sons binaurais"). Nesse caso, o computador cria uma frequência junto ao som da música para estimular uma frequência cerebral específica. Você pode fazer uma ativação neural auditiva com qualquer especificidade de frequência para estimular a mente da pessoa. Na parte auditiva, você também tem o processo de linguagem verbal assertiva, que resulta em uma oratória interessante.

Também é preciso trabalhar com a ativação neural sinestésica. Para tanto, você pode indicar alguns exercícios em duplas, em grupos, visualizações e dinâmicas, sempre oferecendo uma experiência vivencial para as pessoas.

Além das atividades mencionadas, utilizo muito o processo de renascimento (já mencionado em capítulos anteriores), pois, de acordo com a minha experiência, é a técnica que promove, em menor tempo, maiores possibilidades de transformação.

FERRAMENTAS DE RAPPORT

Depois dos estímulos aos sentidos, o segundo ponto para gerar conexão é ter as ferramentas certas para executar com seus treinandos. Para estabelecer uma conexão ainda mais profunda, por exemplo, você deve passar 90% do tempo utilizando a ferramenta de linguagem genérica, metafórica, ericksoniana. Com a linguagem genérica, você consegue atingir um número maior de pessoas e isso gera rapport.

Trata-se de conseguir aproximar os mapas, ou seja, fazer com que as informações disponíveis sirvam, genericamente, para o maior número de pessoas. Se eu digo em um evento que o lugar predileto de uma pessoa é uma praia, para as demais pessoas, pode não ser.

Se eu digo apenas "vá ao seu local que mais gosta", cada um vai para o que lhe convém. Ou, ainda, se eu listo lugares como opções, a pessoa escolhe a preferida. Aproximar o mapa é ser genérico ou dar opções para as pessoas "pegarem" o que mais se aproxima ao mapa delas. Toda pessoa tem o próprio mapa, com sua experiência de vida, e isso a impulsiona a rejeitar tudo que esteja fora dele. Porém, quando

COM A LINGUAGEM GENÉRICA, VOCÊ CONSEGUE ATINGIR UM NÚMERO MAIOR DE PESSOAS E ISSO GERA RAPPORT.

novas possibilidades são apresentadas de maneira genérica, aumenta a probabilidade de a pessoa pegar para si o que está fora do mapa.

Roteiros de treinamento escritos em uma linguagem de hipnose ericksoniana e com metáforas causarão maior abertura das pessoas em relação ao evento, uma conexão com tudo o que o treinador está lhes apresentando. Há dezoito anos tenho criado meus próprios roteiros, e a linguagem que utilizo atinge o maior número de pessoas possível.

O meu material também trabalha com conceitos comuns a todos, como a jornada do herói, encontrada nos filmes. O cinema conecta as pessoas. Vale dizer que todos nós temos várias jornadas de herói dentro de nós, e esse processo de identificação é fundamental. Por exemplo, se eu formo duplas de alunos durante uma dinâmica e lhes peço que compartilhem um com o outro uma história de uma grande realização deles, além de estarem se lembrando de que já realizaram coisas incríveis na vida, também estarão espalhando esse conhecimento.

Se, depois, você perguntar para um deles: "A história que você ouviu foi incrível?". A pessoa responderá: "Foi uma história incrível". Você continua sua entrevista: "Parecia fácil passar por aquilo?". Ela dirá: "Não". Outra pergunta: "Houve muitos desafios a vencer?". A resposta: "Sim". Então, você diz para o aluno que contou a história: "Se você já realizou coisas incríveis na sua vida uma vez, você pode continuar fazendo isso". Você acabou de criar um rapport, gerando confiança, conexão, e ainda ganhando crédito com o cliente. E você precisa muito desse rapport e desse crédito, principalmente na hora que tiver de falar sobre um assunto polêmico ou trazer uma dinâmica com maior impacto emocional.

Para ser um mestre em rapport, o treinador deve praticá-lo, aproximando as pessoas por meio da linguagem verbal e corporal e dos cinco sentidos. Exercite isso em seu cotidiano, por exemplo. Ao se encontrar com uma pessoa, identifique os padrões dela e faça o acompanhamento.

Outro ponto importante é a habilidade em identificar microexpressões e conhecer linguagem corporal, a fim de entender mais sobre o que as pessoas querem dizer mesmo quando não estão falando em voz alta. Esse conhecimento é indispensável. Estude sobre o tema.

Boa alimentação, descanso, conexão com a missão e preparação adequada para enfrentar a intensidade de um evento de treinamentos são coisas que vão ajudá-lo a fazer rapport.

O PRÉ-RAPPORT

É possível começar a estabelecer a confiança no pré-treinamento também. Isso acontece quando você cria uma prova social por meio da publicação em redes sociais das fotos e dos vídeos de um evento anterior, por exemplo. Lembre-se, portanto, de divulgar nas redes sociais tudo que lhe permite criar esse pré-rapport, e as pessoas chegarão ao seu treinamento mais confiantes. Assim, quando marcar seu evento, solicite a algumas pessoas de sua equipe que façam uma cobertura em fotos e vídeos, para você divulgar nas redes sociais.

Aliás, a presença do treinador na internet em si já é um pré-rapport, pois faz a pessoa sentir que o conhece há mais tempo e que tem prazer em estar mais perto dele.

08.

ROCK THE STAGE

AQUECER, ENGAJAR E FAZER SEEDINGS

Dominar o palco não diz respeito somente a possuir uma boa oratória. Também é necessário manter uma linguagem corporal assertiva. Isso permite uma série de outros procedimentos que o ajudarão em todo o círculo virtuoso do negócio de treinamento – da missão à estratégia comercial.

Esses procedimentos incluem saber aquecer e engajar o público, e fazer seedings. Quanto mais bem planejados e executados forem os seedings, menos esforço será necessário para realizar vendas no final do evento.

A LINGUAGEM VERBAL EM CINCO PONTOS

Listei cinco pontos importantes na linguagem verbal durante a apresentação de um evento.

DOMINAR O PALCO NÃO DIZ RESPEITO SOMENTE A POSSUIR UMA BOA ORATÓRIA.

1. Dicção

A boa dicção é o que mostrará às pessoas que você tem o dom de passar a mensagem. Elas não o percebem de maneira consciente. O primeiro passo é aprender a pronunciar corretamente as palavras, sem abreviar sílabas, sem os vícios de linguagem que podem prejudicar a transmissão da mensagem.

As pessoas estão acostumadas a assistir a telejornais e ouvir rádios e a associá-los à confiabilidade. O que os profissionais dessas mídias têm em comum? Uma excelente dicção. Quando você faz uso de contrações – dizendo "pra" em vez de "para", por exemplo –, isso talvez passe despercebido, como uma linguagem informal e descontraída, mas, quando as pessoas ouvem alguém dizer "é pá você fazer", esse orador perde de imediato sua credibilidade perante a plateia. Como dito, isso acontece em nível inconsciente.

Já se a sua dicção for boa, as pessoas inconscientemente darão mais atenção ao que você está dizendo. Porque elas estão acostumadas a ouvir os profissionais de rádio e televisão falarem corretamente, associaram a boa dicção a pessoas com credibilidade.

2. Ênfase

É um recurso poderoso quando enfatizamos uma sílaba, uma palavra ou várias palavras em uma mesma frase.

Em alguns treinamentos, costumo dizer: "Quem aqui quer fazer deste ano o melhor da sua vida? Então, levante o braço e diga: 'Eu!'".

Prolongo palavras como o ano em questão e "melhor". Essa técnica de entonação me permite destacar termos dentro do discurso e enfatizar partes específicas da minha mensagem.

Há outras formas de dar ênfase nas palavras, que não apenas prolongando determinadas sílabas. É possível falar de maneira lenta; de maneira rápida; fazendo pausas; falando alto ou baixo e até mesmo mudando o tom da voz – de grave para agudo e vice-versa.

3. Pausa

O silêncio é interessante; ele gera expectativa no ouvinte, deixa um suspense no ar. O efeito prático disso é aumentar a importância do que será dito em seguida. É como se você ligasse o holofote sobre a próxima mensagem.

4. Ritmo

O ritmo do seu evento deve variar. É preciso ter sensibilidade para perceber em que momento deve ser alterado e como será usado.

Como já vimos, algumas pessoas são mais receptivas ao sentido auditivo; outras, ao visual; e há ainda quem seja mais sensível ao sinestésico. Então, diversificando a sua comunicação durante o evento, você atrairá a atenção de uma parte maior do seu público.

A pessoa receptiva ao sentido auditivo não gosta que tudo se mantenha no mesmo ritmo, pois isso a cansa. Para esse tipo de aluno, será necessário haver uma oscilação entre falas rápidas e lentas, entre tons graves e agudos, similar ao que ocorre em uma música. A variação pode acontecer em um momento de brincadeira com o público, quando você usa uma voz e um jeito de falar um pouco diferentes – por exemplo, falando como se fosse uma criança. Não se trata de encenar um personagem, é apenas uma modificação do ritmo da fala.

Essa transformação depende do nosso sistema fonoarticulatório, que inclui língua, mandíbula, maxilar, cabeça e corpo em geral. Os movimentos desses órgãos ajudam a mudar o ritmo da fala.

5. Vigor

Experimente falar super-rápido, sem parar. Você perceberá que isso faz as pessoas prestarem tanta atenção que quase se esquecem de respirar. É semelhante a quando você está dirigindo em um dia chuvoso e não quer perder o foco na direção.

Essa técnica é a ideal se você precisa que as pessoas voltem a prestar atenção em você, quando, em algum momento, elas se dispersaram um pouco – como geralmente ocorre depois do almoço.

Para uma dicção vigorosa, é preciso ter força na voz; e isso está ligado à respiração. Diversos exercícios respiratórios fortalecem o diafragma[18] e, assim, nos ajudam a melhorar nossa voz, deixando-a mais clara e firme, além de evitar a rouquidão.

A LINGUAGEM CORPORAL EM SEIS PONTOS

Talvez a linguagem corporal seja até mais importante do que a linguagem verbal, e antes de detalhar os recursos à nossa disposição, vou esclarecer o porquê de a primeira ser tão importante. Devido ao próprio contexto, quando uma pessoa sobe em um palco, ela já se posiciona como o "alfa" da situação perante a audiência, como se fosse o lobo líder de uma matilha que uiva no alto do morro. O grande desafio, contudo, é manter essa postura durante todo o evento. E é a sua linguagem corporal que determinará se você continuará a ser percebido como "alfa".

Muita gente confunde linguagem corporal com fazer "macaquices" no palco. Isso está errado. Para transformar vidas, um treinador não tem de subir no palco e ficar pulando e gritando o tempo inteiro até se extenuar. Muitos agem assim, eu sei, mas esse não é o segredo para ter um evento bem-sucedido!

---

18   EXERCÍCIOS PULMONARES RESPIRATÓRIOS DIAFRAGMA e INTERCOSTAIS
Clínica de Fisioterapia Dr Robson Sitta. 2020. Vídeo (8min50s). Publicado pelo canal Dr. Robson Sitta. Disponível em: https://www.youtube.com/watch?v=nxRkr_CO7Wg. Acesso em: 20 set. 2021.

O SILÊNCIO É INTERESSANTE; ELE GERA EXPECTATIVA NO OUVINTE, DEIXA UM SUSPENSE NO AR.

Na verdade, se o treinador fizer isso e não tiver a autoridade de uma celebridade, ele perderá a posição de "alfa" logo no início do evento. As pessoas olharão a situação com um sentimento de "vergonha alheia". Tome cuidado com esse tipo de recurso. O próprio Tony Robbins, considerado o maior treinador do mundo,[19] não faz tanta "macaquice". Ele é espalhafatoso ao bater palmas e no peito, jogar energia para o pessoal, mas somente nos momentos certos – e na hora que toca uma música. É tudo muito bem planejado. Deve-se ter um contexto bem específico para agir assim.

No Brasil, o palestrante Erico Rocha é um bom exemplo a se observar. Trata-se de um dos brasileiros que melhor sabe vender no palco e não tem nem um pouco esse perfil de pular e agitar a galera. Ele conversa tranquilamente.

Há hora certa e contexto para se falar mais alto. Para pular também. Mais importante é o uso dos recursos certos da linguagem corporal. Eles permitirão que você se mantenha como "alfa" ao longo do evento, passando a impressão de que realmente é uma autoridade no assunto. A seguir, veja os seis pontos que devem ser observados na linguagem corporal.

1. Fisionomia aberta

Algumas pessoas falam com o semblante muito fechado, sem dar um sorriso sequer. Isso não passa a mensagem de receptividade: pelo contrário, cria nos ouvintes mais resistência à mensagem de mudança.

---

19 SAIBA quem é Tony Robbins. Vídeo (4min31s). **Globoplay**, 28 ago. 2018. Disponível em: https://globoplay.globo.com/v/6977852/. Acesso em: 20 set. 2021.

Manter o semblante aberto é algo de importância extrema. Como padrão dominante no evento, é muito melhor você se colocar em uma posição mais passiva com a face sorridente, descontraída e receptiva. Somente com o tempo você poderá ser um pouco mais rígido e firme – em um ponto específico e no contexto certo.

2. Olhar *spray*

É a ação de olhar para todas as pessoas da audiência, e não somente para uma. Treinadores com um único ponto focal transmitem insegurança, parecendo que não estão preparados o suficiente, e acabam ficando nervosos.

3. Ombros para trás

A postura dos ombros também é um detalhe muito importante. Eles devem ficar sempre para trás para você ser percebido como "alfa". Estudos comprovam que essa postura mais ereta muda também os tipos de hormônios produzidos pelo corpo a nosso favor.[20]

Se estiver desleixado com sua postura, você não passará convicção para as pessoas do que está dizendo, e, assim, elas não acreditarão na sua mensagem. Não adianta também manter a postura correta durante todo o evento e, na hora de fazer o pitch de vendas, ficar com os ombros caídos para frente. Infelizmente, já vi isso acontecer várias vezes. Não se passa confiança assim.

4. Mãos fora do bolso

Muita gente acha que colocar as mãos nos bolsos transmite uma imagem de segurança. Errado. A principal mensagem passada ao inconsciente dos participantes é a de que você não está dando a mínima

---

20 PRESTE atenção na sua postura: ela tem muito a dizer sobre você! **Unibh**, 22 maio 2020. Disponível em: https://www.unibh.br/blog/preste-atencao-na-sua-postura-ela-tem-muito-a-dizer-sobre-voce/. Acesso em: 20 set. 2021.

para a audiência à sua frente, que não a valoriza. Não sabe o que fazer com as mãos? Gesticule. Gesticular acompanhando o contexto reforça a mensagem. Se estiver falando de uma jornada, por exemplo, faça o movimento de direcionamento.

5. Peso do corpo distribuído entre as pernas

Sim, quem apoia o corpo em apenas uma perna transmite sentimento de desinteresse, como se não quisesse estar ali. A pessoa perde a famosa presença de palco. Você deve distribuir o peso do seu corpo nas duas pernas. O ideal é que haja um palmo de distância entre elas; não podem ficar nem muito abertas, nem coladas – se muito juntas, parecerá que está inseguro ou ansioso.

6. Pés direcionados para a plateia

Sempre mantenha os dois pés na direção do público. Se você mantiver um deles virado para a frente e o outro voltado para o lado, a plateia achará – inconscientemente – que você vai fugir na primeira oportunidade, para a direita ou para a esquerda. Aliás, saiba que, toda vez que uma pessoa estiver conversando com você com o pé virado para fora, isso significa que ela não está disposta a conversar por muito mais tempo.

Atente-se também para a posição se levantar os pés, mostrando a sola do sapato, pois passa a mensagem de que você está ansioso e deseja sair do local – ou quer evitar as pessoas que estão à sua frente.

A linguagem corporal transmite muitas mensagens ao inconsciente das pessoas, por isso é importante você estar atento ao seu corpo.

AQUECIMENTO E ENGAJAMENTO

Aquecer uma plateia é, basicamente, fazer perguntas que tragam respostas como "sim" ou "não". Quanto mais você fizer a plateia dizer "sim", mais ela estará aquecida. Esse aquecimento serve para que, no momento em que você passar a mensagem principal, as pessoas estejam mais receptivas e dispostas a absorver o conteúdo.

Você pode extrair as respostas dos presentes em um exercício retórico. Pergunte para a sua plateia "Quem quer o melhor ano da sua vida?" e seja o primeiro a levantar o braço, dizendo "Eu quero!". As pessoas se sentirão mais à vontade para responder depois disso.

Já engajamento de plateia é um pouquinho diferente. Significa conseguir mais participação das pessoas e interação entre elas. Dito assim, parece tratar-se de algo muito simples, mas se apoia em um processo mental não trivial.

Primeiro você faz perguntas, em uma comunicação frontal – aquela que acontece entre você e os espectadores. Se o público não as responder diretamente, você deve migrar para a comunicação lateral – a que ocorre entre eles. Em determinado momento, você pode pedir para um falar com o seu vizinho de cadeira, e aí conseguirá engajá-los mais. "Olhe para o colega que está ao seu lado e lhe diga que ele é extraordinário. Faça um *high five* com ele". Pode apostar, todo mundo começará a participar mais. A princípio, as pessoas tendem a participar muito mais lateralmente do que com quem está no palco.

O que fazer para as pessoas interagirem fortemente com você, que está no palco? Você pode combinar o processo de engajamento com o de aquecimento.

O PODER DOS SEEDINGS

No Capítulo 6, abordei a semeadura rapidamente, agora vamos nos aprofundar mais nesse assunto. Fazer seeding nos eventos, falando um pouco de produtos que serão vendidos no palco, é fundamental para o sucesso de um instituto. Quanto maior a qualidade do seu seeding, mais fácil será fazer seu pitch de vendas.

Um treinador deve realizar esse processo repetidas vezes ao longo de um treinamento. Assim, ele induzirá aos poucos nas pessoas gatilhos comportamentais, que causarão uma reação delas em relação aos produtos, não as deixando dispersar. Essa semeadura ajuda muito no momento da venda, porque já não será necessário explicar tantos detalhes sobre o produto – na PNL, chamamos isso de "abertura de filtros".

Em meu seminário de prosperidade e riqueza, vendo dois produtos: curso de oratória e seminário de inteligência emocional. Sendo assim, ao longo das aulas, realizo seedings desses dois produtos que vou vender. Para exemplificar os seedings, para o curso de oratória, digo o seguinte: "Se você quer ter uma mente próspera e milionária, precisa saber se comunicar bem. Uma melhor comunicação levará a uma venda melhor das suas ideias, dos seus projetos e produtos. Em todos os aspectos da vida, você será mais próspero". Depois, friso a importância da comunicação massiva para dar palestras. Já o seeding sobre inteligência emocional reforça sua relevância para quem deseja ganhar dinheiro: "E para você conseguir resistir à tentação de comprar aquele carro novo, sapato ou brinco, você precisa de inteligência emocional. É a inteligência emocional que o manterá resiliente e focado o suficiente para ter a disciplina e a determinação necessárias para que você alcance seus objetivos".

QUANTO MAIS VOCÊ FIZER A PLATEIA DIZER "SIM", MAIS ELA ESTARÁ AQUECIDA.

Falo do poder de comunicar e da inteligência emocional para muitas pessoas durante todo o evento e, assim, semeio na cabeça delas as ideias sobre o que é necessário para terem alta performance.

Por fim, um detalhe muito importante: o seeding jamais pode ser uma mentira. Nunca! Deve ser algo lícito, verdadeiro e plausível; caso contrário, não funcionará. Contar algumas histórias, dar exemplos, apresentar depoimentos ao vivo ou em vídeo das transformações das pessoas também funcionam.

OS OITO PERFIS DO TREINADOR

Durante os eventos, o treinador precisa saber incorporar os perfis necessários ao contexto. É possível apresentar vários ao mesmo tempo. Existem oito perfis básicos a acionar, e podemos dividi-los em dois grupos: "mais humanos" – seis perfis – e "além do humano" – dois perfis mais espirituais.

Perfis mais humanos

1. Governante ("alfa")
Como eu já observei, equivale ao "líder da matilha". Surge quase naturalmente sempre que há um palco e um microfone. Enquanto incorpora esse perfil, o treinador lidera e mantém-se em evidência ao longo de todo o evento, seja aos olhos da plateia, seja perante a própria equipe. Ele demonstra ser um "alfa" entre todos presentes e, assim, todos o ouvem e o respeitam.

2. Herói
Este perfil é construído com base nas informações que serão transmitidas – especialmente as científicas, que fazem dele um herói aos olhos do público. Em quais etapas do roteiro se constrói o perfil herói? Geralmente em três dos pilares típicos de um treinamento: (1) fundamentação, consiste em apresentar informações científicas para dar relevância ao treinamento; (2) identificação, ocorre quando se leva as pessoas da plateia a reconhecerem as crenças limitantes

que as impedem de ser mais felizes; (3) transformação, quando o treinador leva o ouvinte a olhar de modo diferente para a própria vida, ressignificando padrões negativos, paradigmas e suas crenças limitantes. Quando estiver trabalhando esses três pilares, o treinador se transformará em herói.

3. Sábio (mentor)

É muito importante um treinador desenvolver o perfil sábio. Sempre digo aos meus alunos que, ao se tornarem palestrantes ou treinadores, eles trabalharão com algumas informações muito antigas, usadas pela humanidade há milhares de anos – são exatamente esses conhecimentos milenares que associamos aos sábios.

Vale ressaltar, no entanto, que, se você abordar uma informação muito comum, do tipo que todo mundo aborda, logo perderá a plateia, pois os presentes provavelmente já ouviram aquilo várias vezes na vida. Ao incorporar o perfil sábio, você está capacitado a dar uma roupagem diferente, às vezes metafórica, à informação em questão, tornando-a mais fácil de assimilar e, assim, ganhará o público.

4. Mago

Este é o arquétipo da transformação profunda do que chamamos de renascimento. O perfil mago faz com que a pessoa inicie um processo de autoconhecimento dentro do treinamento para encarar desafios que aparecerão na vida real. Depois, ela decidirá se vai mudar ou não. Já o renascimento é um processo que se inicia e promove a transformação no próprio evento. Em outras palavras, a pessoa ressignifica inúmeros pontos de sua história de tal maneira que sai preparada para as mudanças na vida real.

5. Vilão

É necessário muito cuidado para não demonstrar o perfil vilão durante um treinamento – ao menos, na maior parte do tempo. Esse

O SEEDING JAMAIS PODE SER UMA MENTIRA.

perfil se manifesta por meio de comportamentos bastante desagradáveis, como arrogância, prepotência, impaciência, respostas malcriadas, e ainda atitudes como ignorar pessoas ou fatos durante o processo, ou arrumar desculpas para as suas falhas.

Vou compartilhar algo que ocorre algumas vezes dentro de um salão de treinamento ou de seminário. Um indivíduo da plateia faz uma pergunta capciosa, ele é um *heckler* – termo em inglês que significa "impertinente". Esse tipo de pessoa deseja colocar o treinador contra a parede, à prova, e eventualmente fazer seu trabalho cair por terra. É importante não deixá-lo sem resposta, mesmo que suas intenções não sejam as mais dignas. Nesse momento, o treinador precisa demonstrar "jogo de cintura", pois, se enfrentar o *heckler*, poderá perder a audiência, que talvez sinta empatia por esse desafiador. Caso isso aconteça, considerarão o treinador um vilão. É preciso fugir de uma situação assim para não perder toda o grupo. Então, mantenha a inteligência emocional e evite bater de frente. Procure responder com calma e, caso não saiba a resposta, diga que precisará de um tempo para dá-la com maior embasamento. Assim você ganhará a plateia e ela ficará contra o *heckler*, pois também perceberá que a pergunta foi capciosa.

6. Juiz

Assim como o perfil vilão, também é necessário tomar muito cuidado com um tipo de perfil que existe naturalmente dentro de nós: o de julgador. O melhor é evitá-lo na maior parte do tempo. Um treinador juiz critica, invalida e castra. Vale dizer, porém, que é importante tornar-se um bom treinador juiz de maneira democrática, aquele que cuida mais do que julga e critica.

Perfis além do humano

7. *Imperador*

A autoridade que o treinador imperador exerce sobre uma plateia é tanta que lhe dá a possibilidade de até se tornar um vilão quando necessário. Ele se encontra em um nível de autoridade equivalente à de uma celebridade hoje em dia. Imagine que o Tony Robbins "dê um sermão" em alguém; possivelmente essa pessoa agradecerá pelo feedback, pois o verá como uma crítica construtiva. Isso ocorre porque Tony Robbins está investido da autoridade de um imperador.

Uma autoridade no nível de celebridade tem credibilidade máxima, mas esta não surge se não houver uma construção intencional antes. Um treinador precisa destacar-se em seus seminários e treinamentos para que ele se torne um imperador. O que lhe conferirá autoridade é oferecer um trabalho de qualidade e ser reconhecido por sua missão.

Isto é importante frisar: quando as pessoas percebem que há uma missão autêntica dentro de você, elas naturalmente lhe dão crédito e autoridade máxima. Em geral, as pessoas não querem saber o que você faz, mas por que você o faz.

8. *Salvador*

O segundo perfil mais espiritual e menos humano da lista diz respeito a um treinador que já conseguiu transformar a vida de uma pessoa. Mesmo durante um evento, podem existir indivíduos que estão vivendo uma transformação profunda por sua causa.

Já vivi casos assim, inclusive com pessoas que resolveram largar vícios, como drogas ou bebidas alcoólicas, naquele exato instante.

Quando consegue promover algo dessa magnitude na vida de um indivíduo, você se torna um salvador para ele. Gosto de citar a história de um casal de namorados cujo relacionamento passava por um impasse: o homem queria se casar, mas a mulher havia rejeitado a ideia várias vezes. Durante o seminário, ela finalmente aceitou o pedido dele e, pelo que eu soube, casaram-se.

Uma pessoa passa a enxergar o treinador como um salvador a partir do momento em que enxerga a própria transformação como algo positivo e entende que seus sonhos estão mais próximos, pois aí consegue dar passos firmes em direção às suas ambições.

Entretanto, saiba que esse tipo de situação não acontece de maneira corriqueira durante um evento. Na maioria das vezes, a transformação só acontece depois, porque é no dia a dia que a pessoa coloca em prática o que aprendeu no treinamento. O evento é como um laboratório.

A transformação de vidas é, definitivamente, o que torna o nosso trabalho maravilhoso. Ter a chance de ser um salvador é incrível. Por isso, aliás, eu não aceito qualquer pessoa como aluna; preciso enxergar o propósito dela antes de me prontificar a ajudá-la a se tornar uma treinadora. E, por último, ao ser reconhecido como salvador, cuide muito bem do seu ego, pois somos seres humanos, ou seja, imperfeitos.

09.
OS EVENTOS

O *MÉTODO RISE*

Quando você divulga em um ambiente virtual que realiza eventos ao vivo, ganha muito mais credibilidade e posicionamento no mercado – e, consequentemente, autoridade para falar sobre aquele assunto. Além disso, coloca seu produto à prova e sabe como melhorá-lo. O coração do *Método rise* é, portanto, ensinar você a conduzir um evento de treinamento ao vivo.

Isso vale para treinadores, mas também para palestrantes em geral, coaches, terapeutas, gestores que apresentam lançamentos de produtos digitais etc.

DERRUBANDO OITO MITOS SOBRE EVENTOS

Há muitos mitos em que as pessoas acreditam quando se trata de realizar treinamentos ao vivo, e derrubá-los é a melhor maneira de acelerar seu trabalho como trainer. Vou descrever esses mitos para que você os identifique e impeça que eles atrapalhem sua carreira.

O primeiro mito é que treinadores – e indivíduos em geral – não são muito apaixonados por fazer conexões presenciais. A verdade é bem o contrário: as pessoas gostam muito de estar umas com as outras. A convivência social presencial as ajuda a perceber o que estão aprendendo. E isso é fácil de entender: em um evento on-line, os sentidos sensoriais estimulados são apenas a visão e a audição; já no evento presencial, é possível também estimular o sentido sinestésico, em que percebemos nossos movimentos musculares e usamos os sentidos para ter uma noção mais prática das coisas e dos aprendizados.

Pense em um show do Cirque du Soleil. É bem diferente assistir a um espetáculo de seus artistas em uma transmissão da internet ou presencialmente em Las Vegas, certo? As duas experiências e seus impactos são totalmente distintos.

A possibilidade de transformar a vida das pessoas é maior em eventos ao vivo, porque o ambiente será preparado especialmente para isso, com música envolvente, som alto de qualidade, jogo de luzes, telões de LED para dar mais impacto aos vídeos e *slides*. Tudo isso proporcionará ativação neural fototônica, auditiva e sinestésica.

Outro fator a favor dos eventos ao vivo é a possibilidade de dar mais profundidade ao roteiro. Você consegue estimular a visualização do conteúdo exposto de diversas maneiras, com algumas dinâmicas como a de pisar na brasa ou realizando exercícios de renascimento. São atividades de grande impacto, e não é possível fazê-las pela internet. Elas ajudam a proporcionar a imersão, evitando as distrações tão comuns em um treinamento on-line. Imagine: a pessoa pode estar vendo seu conteúdo e almoçando ao mesmo tempo, ou o celular pode tocar ou receber uma mensagem no WhatsApp no meio do processo, ou a TV pode estar ligada. Esses elementos tiram o foco da pessoa e, sem foco, não há transformação verdadeira.

Por fim, preciso falar do "efeito Bon Jovi". Você sabe o que é isso? Foi um conceito que eu criei inspirado em Bianca, minha esposa. Ela é grande fã da banda de rock, tendo todos os CDs, DVDs e fitas cassete que eles já lançaram na vida. Mas, ainda assim, ela sempre me cobra para irmos a seus shows. Por quê? Bianca quer vê-los ao vivo e, se possível, até tirar uma foto com seus ídolos. A mesma coisa acontece com os treinamentos. Bon Jovi divulga sua música em mídias como CDs, DVDs e outras, assim como um treinador divulga seu treinamento pela internet. Mas as audiências não se satisfazem em somente vê-lo pela internet; elas querem ver o treinador pessoalmente, dar um abraço, tirar uma foto e, principalmente, conferir se ele é real e não apenas um personagem.

Aliás, aqui cabe uma dica valiosa: é um erro gigantesco tentar ser alguém que não é na internet; seja sempre autêntico e verdadeiro, porque, em algum momento, isso será conferido presencialmente. E o contato pessoal com sua audiência é uma ótima oportunidade para você demonstrar seu lado humano sendo gentil, acolhendo essas pessoas com um sorriso, dando um abraço, tirando uma foto, tendo uma boa conversa com elas. Não deixe de aproveitar isso.

O segundo mito que quero desmentir é o de que só é possível fazer um evento se houver muita gente disposta a ir. Esse é um medo muito comum, principalmente para quem está iniciando a carreira. Já apresentei eventos para cinco pessoas e muitos dos meus alunos também começaram assim. Se você tiver conteúdo, uma estratégia bem montada e estrutura mental, conseguirá lidar com isso e logo multiplicará o número de pessoas e ganhará escala.

Na verdade, não importa se seu evento terá cinco, sete, trinta ou cem pessoas. A quantidade não está diretamente ligada à monetização que se pode alcançar. O pensamento de que faturamento só é alto em eventos gigantes não procede. Quando recomendo que você queira escalar e aumentar o número de frequentadores, é principalmente porque isso se conecta com a minha missão – querer transformar o maior número de vidas – e com a monetização. Aliás, uma maior monetização é consequência, não o fator de decisão.

Já realizei evento com 45 pessoas em que obtive vendas de mais de 1 milhão de reais. Nunca falei abertamente sobre isso antes, pois o intuito não é me vangloriar, mas isso precisa ser dito. A única coisa necessária para ter alto faturamento é uma estruturação correta. Isso pode ser feito com bons seedings, como já discutimos.

O terceiro mito dos eventos ao vivo que precisa ser abandonado é a crença de que custa muito caro fazer evento presencial de treinamento. Realmente existem no mercado modelos de custos altos; alguns eventos para seiscentas pessoas chegam a custar 700 mil reais. Mas isso ocorre em um segmento que não se preocupa em ter lucros nos eventos. Podem cobrir os custos ou até ficar no prejuízo, porque sabem que, quando fizerem o pitch de vendas, vão recuperar o investimento e lucrar.

Agora, eu pergunto: se você conseguir promover um evento já lucrando e depois lucrar ainda mais com o pitch de vendas não será melhor? Ao menos é isso que eu sempre procuro fazer desde o início. Isso evita que aconteça com você o mesmo que ocorreu com uma aluna minha, cujo pitch de vendas não foi suficiente para cobrir todos os custos do evento e ela ficou no prejuízo. Ela se deixou levar pelo emocional e não utilizou a melhor estratégia.

Sempre ensino aos meus alunos que é possível organizar eventos altamente rentáveis e com baixo custo. Inclusive, realizo alguns com o custo quase zero. Outros, como por exemplo o *Poder sem limites*, custam por volta de 25 mil reais – porém, eu só faço o evento depois de ter recebido o valor que as pessoas pagaram de maneira antecipada. O modelo de negócio comporta o custo mais elevado.

Digo com orgulho que atuo há onze anos neste mercado e nunca organizei eventos que me deram prejuízos. O pior que me aconteceu foi não ter lucro em dois eventos até eles serem realizados. Após eu fazer os pitches de vendas, o lucro aconteceu.

O quarto mito é acreditar que é preciso ser famoso para poder começar a fazer eventos. Existem muitos bons treinadores que não são famosos. Eu, por exemplo, não sou nenhuma celebridade. Não estou na mesma posição de muitos treinadores famosos do mercado e isso não é um problema para mim. Vários dos meus alunos fazem ótimos eventos e também não são artistas pop.

Sou a prova de que é possível viver de treinamento sem ser famoso. Minha empresa é saudável (leia-se: tem muita rentabilidade) e começou com um ecossistema pequeno. Ter estrutura mental de conhecimento e conteúdo para fazer uma boa apresentação e poder subir no palco, sabendo passar uma mensagem para as pessoas, é tudo de que você precisa.

O quinto mito é que é preciso forçar a venda de maneira agressiva aos frequentadores de um evento. Digo o contrário: nunca se deve fazer isso agressivamente. Alguns treinadores deixam as pessoas desconfortáveis no pitch de vendas porque são muito agressivos. Chegam a dizer que as pessoas deveriam se envergonhar de não gastar dinheiro com a própria evolução. Isso é algo muito forte para ser dito, dói e é desnecessário.

Para vender, você precisa mesmo é ter conhecimento suficiente que sustente o evento e aprofundar a transformação das pessoas por meio dos seedings. Você conseguirá encantá-las da mesma maneira que o Walt Disney World faz tão bem com seus clientes. As pessoas desejarão continuar evoluindo com você, dentro do seu instituto.

O sexto mito é acreditar que fazer um evento é algo complexo demais. Não é. Obviamente nem todo mundo começa tendo um espaço que comporte a estrutura necessária para fazer uma ativação neural visual, auditiva e sinestésica nas pessoas – com bom som, iluminação e projeção. Mas você não precisa ser dono do próprio espaço; é possível alugar lugares. Até em São Paulo, onde é tudo muito caro, já existem empresas que atendem a pequenos e médios institutos por um preço muito mais acessível. Não estou dizendo que são muito baratas, mas são razoavelmente acessíveis. Se você pesquisar, vai encontrá-las. E o melhor é que elas cuidam de tudo, facilitando, assim, o seu trabalho.

No meu instituto, por exemplo, alugamos equipamentos para os nossos alunos por um valor muito baixo. Queremos fortalecer o ecossistema. Não é só a minha empresa que age assim no mercado, há outras também.

O sétimo mito é pensar que evento ao vivo não é algo escalável. Se você é um dos que pensa assim, está seguindo uma estratégia errada. Para escalar, você tem de fazer eventos em que ofereça produtos para venda, além de realizar ações para promover o próximo evento. Sem esse encadeamento, você acaba com a saúde financeira da empresa. Anote. Memorize. Todo evento deve ter pitch de vendas e convidar as pessoas para o seguinte. Isso trará escalabilidade para seu negócio.

Se tiver essa mentalidade, acontecerá com você o mesmo que aconteceu com o N., um treinador de Lisboa que realizou um evento para mil pessoas e, ao término dele, já tinha outras quinhentas inscrições para o próximo. Ele não precisou começar do zero a venda do evento seguinte, o que requereria muita energia.

Você pode escalar eventos escalando conhecimentos. As comunidades de treinadores ajudam nesse quesito, graças aos conhecimentos compartilhados. Eu participo de uma, e lá nós dividimos insights e ideias, além de atualizarmos informações sobre tudo o que ocorre nos eventos que realizamos – há cerca de quinze atualizações por mês. Outro dia, refleti sobre quanto tempo eu demoraria para ter os mesmos quinze insights sozinho e concluí que precisaria de uns cinco anos, pois agiria com base na tentativa e erro até verificar quais estratégias funcionam melhor para escalar eventos.

O oitavo e último mito é você pensar que não encontrará uma equipe para poder realizar um evento. Você precisa da mentalidade de abundância, não de escassez! A quem já fez a minha formação de treinador de inteligência emocional é oferecida a oportunidade de participar por dois anos de todos os nossos seminários e treinamentos como equipe de apoio, a fim de que possa observar os bastidores, treinar, ver como tudo acontece. É como uma residência médica. Os alunos já estudaram isso na formação, mas nos eventos eles reforçam o aprendizado.

Digo isso porque você pode montar uma equipe com os próprios treinadores-alunos, que se tornarão seus amigos e o ajudarão em seu negócio. Se você não estiver nesse ambiente de treinamentos ainda, é possível montar uma equipe com a sua família ou com os seus amigos. Convide alguém em quem você confie, peça ajuda. Foi o que eu fiz. No início da minha carreira, comecei a equipe com a minha esposa, a prima da minha esposa e o meu irmão.

É importante seguir toda a estratégia para treinar a sua equipe, preparando-a para fazer um bom evento.

APRENDENDO A ORGANIZAR E ESCALAR

Crescer de maneira eficiente – sem ter de investir muito para isso – requer, em primeiro lugar, uma visão de ecossistema de sua parte. Você precisa enxergar seus clientes como parte não da cadeia de valor, mas como pertencentes ao mesmo ecossistema que o seu. É como acontece na natureza, em que diferentes animais compartilham um ambiente e mantêm uma convivência mutuamente benéfica. Em seguida, você deve entender que, se decidir trabalhar com treinamentos e seminários, há três modelos ecossistêmicos a escolher:

- O primeiro modelo é servir o público em geral, as pessoas físicas, mas em número limitado;
- O segundo modelo é voltado para trabalhar com pessoas jurídicas, B2B (*business-to-business*), podendo ser ministrados *in-company* (no endereço das empresas) ou fora;

- O terceiro modelo é o de escala, muito associado a Tony Robbins, que é um treinador-celebridade. É o mais desafiador dos três.

Vou explicar cada um com base na minha própria experiência.

Modelo 1

Estou chegando ao 12º ano do meu instituto e, por quase nove anos, esse foi o principal modelo que utilizamos. Os institutos que decidem por esse formato trabalham com três tipos de leader training que, nos cursos, são chamados de LT1, LT2 e LT3. Trata-se de um ecossistema enxuto no qual você precisa fazer palestras ou workshops de captação.

Em 2009, quando comecei o instituto, eu realizava duas palestras de captação por mês. Eu diversificava os tipos de palestras: liderança, resiliência, PNL, coaching, líder coach, business, executive coaching, hipnose etc. – cerca de doze modelos diferentes. No final de cada palestra, eu fazia o pitch de vendas que levava as pessoas para o leader training 1, que é um treinamento de forte impacto emocional. Como consequência do LT1, muitas pessoas participavam de outros leader trainings e se formava a esteira rolante.

É importante investir em bons vendedores para atuar nesse ecossistema enxuto. Você precisará de um time de vendedores para divulgar os seus treinamentos e trazer as pessoas em conversas um a um. Não há necessidade de contratação de pessoas por meio do regime CLT – algo que pode sobrecarregar a empresa em relação a custos. A visão é de ecossistema, os vendedores também são parte dele. Eles podem constituir pessoa jurídica. Assim não haverá encargos trabalhistas, somente será pago o valor das comissões aos PJs. Também pode ser criado um plano de comissões que comece com 15% e vá subindo com o tempo. No meu instituto, a comissão chega a até 30%, conforme já citei.

Uma das principais vantagens de se trabalhar com vendedores é o fato de você não precisar fazer investimento, porque cada vendedor acionará a própria rede de contatos para levar ao evento. As comissões pagas são maiores porque seu custo nesse contexto foi zero. É possível ter também em seu instituto, como mencionei antes, vendedores-palestrantes para realizarem palestras e workshops em seu lugar. No final de cada evento, eles farão um pitch de vendas para angariar pessoas para os seus treinamentos.

Modelo 2

O segundo ecossistema é voltado para trabalhar com empresas. Você pode ter um instituto com foco para atender a firmas, por exemplo. Embora eu tenha feito esse tipo de trabalho durante oito anos, agora não o faço mais.

Eu estava canalizando muita energia para poder trabalhar com empresas. Quando li um artigo que dizia que mais de 50 milhões de pessoas já havia passado pelos processos do Tony Robbins,[21] comecei a me perguntar para quantas empresas ele prestava serviço. E percebi que ele não tinha nenhum trabalho específico nessa área. Então, tive um insight de que precisava reorientar minha energia.

Isso não significa, em absoluto, que não seja um bom modelo. Mas é muito difícil fechar um treinamento quando não se tem uma conexão forte com alguém de dentro da empresa, pois há muitas etapas a cumprir. Primeiro é preciso ter acesso ao departamento de recursos humanos, o RH. Depois, lhe enviar uma proposta. Se a resposta do RH for positiva, você explica todo o funcionamento para, somente então, fechar algum contrato.

Pode ser vantajoso trabalhar assim quando, por exemplo, um funcionário se desliga da empresa para poder montar um instituto e

---

21   SPALLICCI, R. Tony Robbins no Brasil: aprendizado e muita energia. **Renata Spallicci,** 16 ago. 2018. Disponível em: https://www.renataspallicci.com.br/autoconhecimento/tony-robbins-no-brasil/. Acesso em: 20 set. 2021.

A ÚNICA COISA NECESSÁRIA PARA TER ALTO FATURAMENTO É UMA ESTRUTURAÇÃO CORRETA.

volta como contratado terceirizado para prestar esse tipo de serviço. Afinal, ele já conhece todo mundo ali.

Os institutos que desejam trabalhar com empresas têm de fazer palestras de apresentação, que podem ser gravadas ou presenciais. São a maneira de a empresa entender melhor o seu conteúdo e ter certeza de que você não passará para funcionários dela nenhuma orientação errada (ou que vá contra a cultura da companhia). Lembre-se de que as empresas querem que você estimule um aumento no desempenho dos funcionários e não que eles tenham vontade de pedir demissão após o evento. Nessas apresentações, também é importante você demonstrar que entende de todas as áreas do negócio: liderança, atendimento ao cliente, processos de gestão, vendas, produtividade etc.

Você também pode oferecer workshops às empresas, pois, às vezes, elas desejam investir em algo além de uma palestra motivacional ou de conteúdo; querem uma experiência mais profunda, do tipo day training ou um curso ainda mais longo com vários módulos de duração.

Para conseguir clientes corporativos, o treinador precisa ter vendedores externos que visitem as empresas e aqueles que façam contato por ligações telefônicas. Da mesma maneira, é importante ter vendedores-palestrantes que possam fazer palestras no seu lugar, porque assim você consegue oferecer diferentes orçamentos em diferentes empresas ao mesmo tempo, aumentando a probabilidade de fechar contrato com algumas.

Uma das técnicas que eu utilizava quando trabalhava com empresas era o envio de e-mails para os gerentes de RH, que costumam ser os responsáveis pelos treinamentos internos. Eu explicava o meu trabalho e fazia a proposta, sugerindo que conversássemos por telefone. Depois que conseguisse falar com a pessoa responsável por essa área na empresa, tentava agendar uma reunião presencial com ela.

Caso não obtivesse nenhum retorno pelo e-mail, eu enviava outra mensagem, informando que já havia tentado contato, mas sem obter retorno. Acrescentava que, se não houvesse retorno de novo, eu entenderia que ela realmente não gostaria de aproveitar a grande oportunidade que eu lhe oferecia, com o melhor custo-benefício do mercado.

Não foram poucas as vezes em que, após esse último e-mail, as pessoas me ligavam afirmando que apenas não haviam entrado em contato antes porque dependiam da resposta de outro setor ou superior para dar continuidade ao processo. Na verdade, elas não queriam deixar passar a oportunidade.

Algo que agrega bastante ao modelo 2 é estar inserido em grupos de empresários. Na sua cidade, talvez tenha algum clube – Rotary Club, Lions Clubs ou Business Network International (BNI) – do qual você possa fazer parte. Networking é muito importante.

Modelo 3

Comecei a trabalhar com esse modelo de escala há três anos e é o mais desafiador dos três. Quando mudei para esse modelo, renomeei meu instituto: de Instituto Brasileiro Master Leader passou a ser Instituto Lyouman, que é o sobrenome da minha família.

Foi importante vincular o meu instituto ao meu próprio sobrenome porque, se empresas gostam de comprar de empresas, pessoas preferem comprar de pessoas. Esse, aliás, foi um dos motivos pelos quais Tony Robbins alcançou mais de 50 milhões de pessoas.[22] Ele não é

---

22   QUEM é Tony Robbins: biografia, livros e lições do guru dos negócios. **Xerpay Blog**, 25 jul. 2019. Disponível em: https://xerpay.com.br/blog/quem-e-tony-robins/. Acesso em: 20 set. 2021.

Robbins Corporation, mas o Tony Robbins. Até oferece serviços para empresas, mas são produtos quase marginais, feitos para o final do funil de vendas.[23] Na boca do funil, onde fica o trabalho principal, estão as pessoas físicas. No Brasil, há muitos outros institutos de escala que utilizam o próprio sobrenome. O Instituto Geronimo Theml e o Vida Plena são dois bons exemplos.

O posicionamento como pessoa e não empresa é o que primeiro habilita um treinador a enveredar por esse terceiro modelo, que é de escala. Nele é igualmente necessário fazer palestras e workshops de captação, bem como de vendedores em geral e vendedores-palestrantes. Além disso, é preciso se posicionar muito bem nas redes sociais utilizando, pelo menos, Instagram, YouTube e Facebook. Hoje sou bem ativo nessas três redes e também no LinkedIn, TikTok, Telegram e no WhatsApp.

Para desenvolver sua audiência, você precisa compartilhar informações sobre trabalhos realizados e distribuir conteúdo gratuitos – assim as pessoas o conhecerão melhor, saberão do que está falando e engajarão com o seu conteúdo. Com o tempo, aos poucos, você pode começar a apresentar seus produtos.

Existem algumas estratégias-chave para se vender na internet. Uma delas se chama lançamento meteórico e pode ser feita pelo WhatsApp ou Telegram. Grave um vídeo e o mostre nas redes sociais, convidando as pessoas a fazerem parte de um grupo VIP no WhatsApp, com a promessa de que nesse grupo elas terão acesso a conteúdos exclusivos e gratuitos.

Nessa chamada, além dos conteúdos gratuitos, fale também que você oferecerá uma grande oportunidade para as pessoas poderem participar do seu próximo treinamento. Mantenha o grupo durante quatro dias – necessariamente, precisam ser segunda, terça, quarta e quinta-feira, porque são dias úteis. Na quarta-feira, fale sobre a oferta

---

23   TONY Robbins conversa com o 'Mais Você' após palestra em São Paulo. Vídeo (4min30s). **Globoplay**, 28 ago. 2018. Disponível em: https://globoplay.globo.com/v/6977891/. Acesso em: 20 set. 2021.

> ## VOCÊ PRECISA ENXERGAR SEUS CLIENTES COMO PARTE NÃO DA CADEIA DE VALOR, MAS COMO PERTENCENTES AO MESMO ECOSSISTEMA QUE O SEU.

irresistível e diga que, no último dia, que é quinta-feira, ela será liberada para os participantes daquele grupo comprarem. Nesses dois dias finais, você terá de gerar conteúdos que lhes deem motivos para comprarem o seu produto. Faça-os refletir sobre a vida e sobre a solução que o seu produto lhes oferecerá. Depois, dissolva o grupo.

Um dos principais pontos positivos do lançamento meteórico é o baixo custo; o custo maior será com as comissões dos vendedores. No meu segundo lançamento meteórico, faturei em torno de 240 mil reais e posso garantir que, mesmo pagando comissões e impostos, o lucro foi grande.

TREINAMENTOS CORPORATIVOS

Alguns treinadores decidem trabalhar somente com pessoa física, outros preferem pessoa jurídica no âmbito corporativo e vários treinadores estão abertos a trabalhar dos dois modos. Por isso, minha metodologia inclui um conteúdo diferenciado para quem realizar eventos com empresas, já que existem alguns cuidados específicos a tomar – relativos ao que você pode ou não fazer nesse ambiente.

O que as empresas querem? Lucro e resultado!

Então, para você conseguir entrar em uma empresa com seus produtos, a primeira coisa que tem de fazer é acessar o RH – ele é a porta de entrada. A sugestão é encaminhar e-mails para esse departamento oferecendo-lhe uma degustação – uma palestra gratuita dentro da empresa ou um material de análise comportamental, por exemplo.

Já falamos sobre a troca de e-mails com o RH para convencê-lo a lhe dar essa oportunidade. Mas, se nenhum argumento sensibilizá-lo para que o receba de maneira presencial, você ainda pode gravar uma palestra e lhe mandar o link para que a empresa tenha uma ideia do que você pode fazer dentro dela.

Na palestra de degustação, seja presencial ou gravada, você não pode ficar falando da vida dos colaboradores, funcionários, liderados. Ela deve ser muito parecida com a palestra de captação, na qual falo para líderes e liderados e, no final, aplico uma ferramenta de mensuração de produtividade, como a que eu uso no *Seminário vendedor extraordinário*.

Em seu discurso, os colaboradores têm de entender que você está com eles e que, ao ajudar a empresa a ter mais resultados, vai ajudá-los a receber mais benefícios. É um processo de comunicação muito delicado e que precisa ser muito bem feito e de modo assertivo.

O foco sempre será no resultado da empresa, mas você precisará ter o cuidado de falar de modo equilibrado com líderes e colaboradores, sem gerar a percepção de que tende mais para um lado do que para o outro. O empresário deve acreditar que você está com ele e vai "forçar a barra" para os funcionários apresentarem mais resultados. Mas os funcionários também precisam confiar em você, ou o treinamento não surtirá efeito.

Um erro muito comum é fazer coaching de vida na palestra com os funcionários. O perigo é que eles podem obter a ideia errada de que a vida está ruim em virtude do emprego. Talvez se deem conta de que saem às 6 horas da manhã para o trabalho, quando os filhos estão dormindo, que enfrentam trânsito na volta, que precisam fazer hora extra, que chegam em casa e os filhos já estão dormindo novamente. O resultado é estresse, com impacto na saúde mental e física, e eles logo vão culpar a empresa por isso.

Você terá aberto justamente o "filtro" que nunca deve ser aberto em um treinamento corporativo. Se você fizer um processo de coaching de vida dentro de uma empresa, a solução que as pessoas

EM SEU DISCURSO, OS COLABORADORES TÊM DE ENTENDER QUE VOCÊ ESTÁ COM ELES E QUE, AO AJUDAR A EMPRESA A TER MAIS RESULTADOS, VAI AJUDÁ-LOS A RECEBER MAIS BENEFÍCIOS.

encontrarão será pedir demissão. Eu me lembro de ter visto uma reportagem em que vinte funcionários – o número total de colaboradores da empresa – pediram demissão após um trabalho de coaching. O coach em questão disse assim: "Os colaboradores realmente eram ruins para essa empresa; foi bom eles terem pedido demissão". Mas essa não é a verdade. O tal coach não soube desenvolver a performance desse pessoal e pôs tudo a perder porque a empresa ficou sem gerar resultados. Em um treinamento corporativo, você tem de trazer resultado para a empresa, como já dito.

Além de não fazer coaching de vida nesse tipo de treinamento, você não deve realizar exercícios que mexam com o emocional das pessoas, como a regressão, em que é preciso acessar sua vida quando criança e adolescente. Uma pessoa pode ter insights errados em relação ao papel dela dentro da empresa. Talvez ela se lembre de um sonho profissional antigo, diferente do que hoje ela desenvolve na empresa, e se questione: "O que estou fazendo da minha vida?". Não é isso o que se deseja em um evento corporativo, certo? Você tem de selecionar muito bem os tipos de dinâmicas que conduzirá.

> **SE VOCÊ FIZER UM PROCESSO DE COACHING DE VIDA DENTRO DE UMA EMPRESA, A SOLUÇÃO QUE AS PESSOAS ENCONTRARÃO SERÁ PEDIR DEMISSÃO.**

Um terceiro cuidado é o de não evidenciar um líder que não sabe liderar. Vamos supor que você vá ministrar uma palestra sobre liderança. Chega com todo o romantismo do mundo e começa a falar de liderança humanizada, mas isso é muito diferente do tipo de líder que existe ali. Você está querendo vender um treinamento de líder, mas o que sua palestra está fazendo é colocar a culpa nos líderes existentes – e nós sabemos que, às vezes, há uma boa parcela de culpa também nos liderados.

Conheço empresários que afirmam de pronto: "Se você veio falar de liderança humanizada, pode sair". O fato é que não há um único tipo de líder para as empresas – o melhor líder nem sempre é o humanista. Tudo depende do contexto. Líderes podem ser do tipo autoritário (que diz exatamente o que deve ser feito), democrático (que valoriza a opinião de todos), coach (que engaja e desenvolve com perguntas), executor (que inspira pela iniciativa) ou visionário (que inspira pelas ideias e projeções futuras). O líder será moldado conforme a circunstância e o contexto, e ainda talvez não lidere a todos da mesma maneira, pois as pessoas são diferentes. Um líder tem de ser preparado para tratar cada pessoa do jeito que ela é, para ser um gestor e para mobilizar as pessoas para o resultado.

Você quer saber o que realmente funciona nos treinamentos corporativos? Falei de três coisas para não fazer no meio corporativo, agora darei três sugestões do que fazer.

Eu mudei meu modelo mental quando li a biografia de Steve Jobs[24] e entendi o que ele fazia – e comecei a adotar essa mudança na minha empresa. Jobs foi um grande empresário, mas não foi um grande líder. Ele "batia" em todo mundo, no sentido de que maltratava as pessoas, gritava com elas. Só que ele tinha um grande segredo, que explica muito do sucesso da Apple. Para a empresa não precisar depender de bons líderes, ele contratava as pessoas certas para as funções certas, para os setores certos – e quanto melhor o processo seletivo, melhores eram as contratações e cada vez mais a empresa não mais dependia exclusivamente da figura do líder. Afinal, dá um trabalho enorme corrigir o problema de pessoas que estão no lugar errado, não dando resultado algum para a empresa.

---

24   ISAACSON, W. **Steve Jobs**. São Paulo: Companhia das Letras, 2011.

Deixe-me dar um exemplo disso. Um dia, Steve Jobs aborda um funcionário da Pepsi: "Meu amigo, eu não consigo lhe pagar o quanto você ganha hoje, mas até quando você quer viver vendendo água com açúcar para o mundo? Você deseja continuar fazendo isso ou prefere mudar o mundo?". E a pessoa responde: "Quero mudar o mundo".

O colaborador da Pepsi era bom, mas Steve Jobs não podia lhe pagar a mesma remuneração, e, com argumentos, ele convenceu a pessoa a trabalhar na Apple. E, assim, sempre foi o processo seletivo dentro da Apple: contratar as pessoas certas. Inclusive, essa é uma história real. Foi assim que Jobs contratou o executivo John Sculley.

O segredo do sucesso de Steve Jobs é o processo seletivo. Então, se você deseja realizar um ótimo treinamento dentro das empresas, algo que gere bons resultados, comece ajudando a empresa a conduzir um processo seletivo de ponta, assertivo. Ajude-a a colocar as pessoas certas nos lugares certos – quanto melhores forem os profissionais contratados, menos ela dependerá exclusivamente de liderança, porque ela funcionará por si só.

Outra dor muito grande que você pode ajudar a curar nas empresas é a falta de processos. As pessoas não sabem como montá-los nem quão importante é criar manuais de processos para que, se uma pessoa sair daquela função amanhã, outra sem conhecimento prévio da área possa substituí-la sem problemas. Então, você será muito útil se apresentar um treinamento de processos, pois isso acarretará resultados positivos para a empresa.

Por fim, trabalhar para aumentar lucro e faturamento da empresa será algo muito promissor, e você pode fazer isso por meio de um treinamento poderoso de vendas, ensinando as pessoas a vender mais.

Os pontos fundamentais disso são:

- Seleção de ponta para vendedores;
- Liderança adequada;
- Processos organizados passo a passo e registrados em manuais.

O BUSINESS

A maioria dos treinadores veio da carreira de terapia e coaching e, talvez, por motivos culturais inerentes à profissão, levam muito tempo para entenderem que agora não são mais profissionais liberais. Nesta parte do livro vamos abordar os elementos fundamentais para que o treinador viva a missão e o business em um sistema único assim como funcionam mente e corpo: um dependendo do outro.

VIVA
SUA
MISSÃO

10. NASCE O TREINADOR

INVERTA A ORDEM DAS COISAS

Fernando Pessoa já nos deu o caminho das pedras ao dizer que "o poeta chega a fingir que é dor a dor que deveras sente".[25] Ou seja, poetas constroem a percepção de dor junto ao seu público, mas não se trata de mera percepção; a dor é real. Ainda assim, eles precisam construir essa ideia.

Tudo na vida é percepção. Do mesmo modo que o poeta precisa se perceber e se mostrar como alguém que sofre, nós, que já somos treinadores de fato, precisamos nos fazer percebidos como treinadores – inclusive percebidos por nós mesmos. A maneira de construir essa percepção é você ser visto como autoridade (um especialista na área), herói e mentor. E tais percepções devem se materializar ao longo do seu primeiro evento.

---

25   O POETA é um fingidor? 2017. Vídeo (1min54s). Publicado pelo canal Café Filosófi-co CPFL. Disponível em: https://www.youtube.com/watch?v=TlCkXrfePNU. Acesso em: 20 set. 2021.

Muitos treinadores que estão começando na carreira se sentem apreensivos quando lhes digo que, se eles não são conhecidos por ninguém, se não divulgaram o próprio trabalho na internet ou se não conduziram palestras na cidade ou no bairro onde moram, como podem imaginar que atrairão o interesse das pessoas para o evento?

Talvez até você, leitor, esteja tenso neste momento, perguntando a si mesmo: "Como vou tirar um evento 'da cartola', do nada, de repente?".

Acalme-se. Utilizando o *Método rise* no decorrer do evento, que pode ser gratuito, você naturalmente ganhará autoridade aos poucos perante a audiência. E, ao acumular aprendizados práticos em mais eventos, entenderá como se diferenciar dos outros trainers do mercado. Sim, você trata do mesmo assunto que eles, mas a maneira de tratá-lo será sua; diferenciada; com o seu DNA.

Em outras palavras, vou explicar como estruturar um treinamento que pode ocorrer presencialmente ou on-line e que construa as percepções certas. Será um modelo para o seu primeiro evento, depois você poderá adaptá-lo ao seu estilo.

Já prestou atenção em como os filhotes de passarinhos aprendem a voar? Eles simplesmente batem as asas e voam. Podem levar um tombo aqui, outro ali, mas nada significativo. O bater de asas de um trainer iniciante é só um pouco mais complexo. Precisa apenas de um esforço pré-evento – um roteiro e uma organização que transmitam a mensagem de que você, treinador, sabe do que está falando, que tem autoridade, que é herói e mentor.

CONSTRUINDO A PERCEPÇÃO DE AUTORIDADE EM UM EVENTO

Um dos melhores modos de começar é com um day training para despertar o herói – ou o gigante – que existe dentro das pessoas.

Vou lhe apresentar um passo a passo.

Vamos dizer que o seu evento comece por volta das 9 horas da manhã. Os membros da sua equipe devem iniciá-lo com um processo de aquecimento e engajamento dos alunos. Então, suba ao palco e faça **rapport** com a plateia, para depois acionar os pilares. O primeiro é o **pilar fundamentação**, em que você conta tudo o que é importante sobre o programa: o que você apresentará para a plateia e os seus objetivos com isso. Em seguida, realize uma dinâmica do **pilar identificação positiva,** que ajudará as pessoas a perceberem aonde querem chegar na vida, qual é o grande sonho delas. Então, volte com o **pilar fundamentação**, apresentando o conteúdo que você tratará no treinamento. Depois acione o **pilar retorno**, para começar a construção do pitch de vendas principal do seu evento – o pitch abre carteiras.

Antes de liberar as pessoas para a hora do almoço, crie expectativas em relação ao período da tarde, a fim de garantir que elas voltem para o evento. Fale algo assim: "Você não tem ideia do que vai acontecer depois do almoço aqui, você não vai querer perder um segundo disso".

O BATER DE ASAS DE UM TRAINER INICIANTE É SÓ UM POUCO MAIS COMPLEXO.

Notou que não foram utilizados os pilares de forte impacto emocional: **empoderamento** e **transformação**? Isso foi intencional. Como você está começando e ainda não é conhecido no mercado, há o risco de impactar muito as pessoas emocionalmente e elas preferirem não voltar. Os **pilares fundamentação** e **identificação** o ajudarão a construir sua autoridade para, só então, na segunda parte do treinamento, acontecer a **transformação** de forte impacto emocional, com a qual as pessoas o perceberão como herói e mentor delas.

O almoço deve durar uma hora e meia. Na volta dele, entre com mais **pilares de fundamentação e identificação**. Agora, trata-se de identificar os traços negativos de crenças limitantes, feridas emocionais, feridas mortais. Na sequência, conduza o **pilar empoderamento**, que é preparatório para o **pilar transformação**, uma catarse com base bioenergética.

Em seguida, ministre outra dinâmica de **empoderamento**, que trará à tona todo o resultado positivo para finalizar esse processo. Aqui virá mais uma vez o **pilar retorno**, que é onde você encaixará o pitch de vendas principal.

Promova um intervalo de quinze minutos, que pode servir para uma ida ao banheiro e tomar água ou para um *coffee-break*, conforme seu orçamento.

Na volta, conduza uma ou duas dinâmicas de **transformação** de forte impacto emocional e, no final, mais uma vez, o **pilar retorno** aparece, só que agora é hora do pitch escala. Então, agradeça a presença do público e à sua equipe e encerre o evento com **empoderamento**, guiando as pessoas ao ápice de energia para elas saírem revigoradas do day training.

Disponibilizo aqui um exemplo de roteiro, utilizando o meu instituto e o meu nome.

TUDO
NA VIDA É
PERCEPÇÃO.

ROTEIRO

1. Aquecimento

(Uma pessoa da equipe sobe no palco e faz a abertura do evento.)

"Neste exato momento, você poderia estar maratonando uma série na Netflix, assistindo a uma novela ou fazendo qualquer outra coisa, mas você está aqui. Você quer fazer acontecer, quer estar nesta missão junto conosco. O sucesso é uma questão de decisão, você decidiu estar aqui, então você já é uma pessoa de sucesso, uma salva de palmas para você.

"Quero apresentar o Instituto Lyouman, fundado em 2009, e que tem a missão de transformar vidas e fazer as pessoas serem mais felizes.

"Essa pessoa que subirá ao palco daqui a pouco é alguém engajado, talvez a pessoa mais engajada que eu conheço. Leva a vida nesta missão. Estuda constantemente, está preparado para apresentar todo o conteúdo que será abordado no treinamento e, principalmente, está comprometido com os alunos. É uma honra poder trabalhar com ela, aprendo todos os dias. Suba ao palco, Marcelo!"

2. Rapport

(Você, treinador, sobe ao palco – presencial ou digital – e compartilha mensagens importantes com a plateia, construindo uma relação empática, de engajamento e de um novo aquecimento. É aqui que você começa a criar a sua autoridade.

Para promover o engajamento, faça perguntas, para que as pessoas respondam a você: "Quem aqui está preparado para fazer deste ano o mais incrível da sua vida levante o braço e diga 'eu!'" – em um evento presencial. Em um on-line, a variação é: "Quem aqui está preparado para fazer deste ano o mais incrível da sua vida escreva no chat 'eu!'".

O processo de engajamento é muito importante, pois há muitas pessoas resistentes ao evento, que não queriam estar ali – as "rebocadas", como já citei.)

"Todo e qualquer processo de transformação é de dentro para fora, e não de fora para dentro. Não seremos eu, o pessoal da minha equipe ou este evento que vamos forçar você a fazer algo. Será uma escolha feita dentro do seu coração.

"O evento vai ser muito rápido. Vai passar voando. Como tem muita dinâmica de forte impacto e de visualização, o tempo se distorce para as pessoas.

"Costumo dizer que este processo que vamos fazer é o laboratório da vida real. Não é a vida real, claro, é só um treinamento, mas tudo que se faz aqui é como se você estivesse fazendo o mesmo na vida real. Na hora que você entende isso, realmente, os ganhos serão maiores.

"Preciso avisar que este evento vai ser profundo. Não gosto de evento raso, superficial, não. Meus produtos de treinamento em desenvolvimento humano são profundos. Tenho duas perguntas para fazer: 'Você mergulharia em uma piscina sem saber a profundidade dela? Você mergulharia em uma piscina rasa?'. Evidente que não. Porque, se você mergulhar em uma piscina rasa ou sem saber a sua profundidade, possivelmente se machucará. Agora, se você souber que a piscina é funda e que pode mergulhar de cabeça, aí, sim, você mergulha de cabeça. Cada um aqui pode mergulhar de cabeça, porque a piscina deste evento é funda."

(Continuando o processo de fundamentação, envolvendo as pessoas e explicando o objetivo do treinamento.)

"O objetivo deste treinamento é fazer você se sentir o herói da sua vida. Quando sentir que algo fez sentido para você, um insight, uma sacada, quando você se empolgar com alguma coisa, dê um berro daí de trás 'Manda mais!' *(variação para evento on-line:* 'Escreva no chat #MandaMais').

"Quando você se comunicar assim comigo, também vai me motivar, e, assim, vamos entrar em um círculo virtuoso, unindo a minha entrega com a sua dedicação neste evento."

(Se você utilizar no evento #MandaMais, ou outra hashtag de sua preferência, use-a também na estratégia de marketing nas redes sociais. Isso vira uma âncora.)

"Pessoal, toda foto que você tirar no evento, use a hashtag #MandaMais, vamos levantar essa hashtag, vamos nos conectar.

"O objetivo deste evento é que cada um comece a praticar a predição, comece a se acostumar a olhar nos olhos das pessoas que você ama e dizer a elas uma mensagem linda de amor e carinho, porque só o amor constrói, reconstrói e faz deste mundo um lugar melhor."

(Então, começa o pilar identificação.)

"É muito importante que entenda o que é profetizar, predizer. É fazer um alinhamento do que você pensa e do que você sente, e dizer só coisas que tenham poder positivo. Assim, você vai poder profetizar tudo o que é importante para você, sua vida, e para as pessoas a quem ama.

"Na profetização, devem ser utilizadas palavras positivas, para ajudar a pessoa na hora de ela apresentar o Grande Sonho. Porque profetizar e predizer quer dizer jogar o que você deseja para Deus, para o Universo. Jogar para Deus, para o Universo, falar coisas boas conecta você com o Grande Sonho de alguém."

(Quando chegar ao Grande Sonho, coloque uma música apropriada e comece a ler o roteiro. Quando tiver mais experiência, poderá falar de improviso, mas, no começo, recomendo que o leia – com fluidez, para ser agradável – e assim se acostume com a linguagem ericksoniana, metafórica e genérica, sem invasão de mapas pessoais.)

"Qual é o seu Grande Sonho? Vamos descobrir juntos? O que você sonha para a sua vida, o que é importante para você, aonde você quer chegar? Sabemos que muitas pessoas têm dificuldade em definir isso.

"Vamos fazer um resgate da criança que existe em você? Quero que se conecte com sua criança e resgate os seus sonhos de infância,

PARTE III

Se você quer atuar no âmbito corporativo, os treinamentos de vendas são sua melhor oportunidade. A chave é entender que o responsável pelo atendimento é quem faz a venda continuar, pois consegue vender para o mesmo cliente. Só se vende mais para o mesmo cliente com um ótimo atendimento. Eleve a performance do colaborador de atendimento da empresa, fazendo com que ele apresente resultados positivos, lucro para a empresa, e as portas para que você desenvolva mais trabalhos lá se abrirão. Mais adiante, você até poderá desenvolver um pouco mais o lado pessoal desse funcionário, mas, quando é a empresa quem o contrata, seu foco deve ser o de aumentar o desempenho dos colaboradores.

que muitas vezes perdemos quando crescemos. Esse resgate é fundamental para você ter clareza do que é importante na sua vida.

"Visualize o lugar em que deseja estar. Que lugar é esse? Com quais pessoas você está?

"Eu não sei... Talvez você esteja com seus filhos, seu pai, sua mãe, seus irmãos, seu companheiro, sua companheira; talvez sejam essas as pessoas que você mais ama. Quem são essas pessoas que estão com você? Eu até fico curioso com isso, fico me perguntando quem são elas."

(Com frequência, as pessoas se emocionam nesse trecho do roteiro, depois de imaginarem aquilo que você disse. Cada um vai se conectar com algo que deseja para sua vida, e isso começará a mexer com o emocional da plateia de maneira positiva.)

"Agora anote as sacadas e o Grande Sonho, porque a partir de agora você vai definir bem esse sonho, e vamos voltar a ele lá no final do treinamento. Isso vai ajudar você a ter mais foco, mais concentração para alcançá-lo. Mas lembre-se de usar palavras positivas para descrever o sonho."

(Peça às pessoas que fechem os olhos, visualizem como é o sonho delas e que o descrevam. Elas não o descreverão errado ou em tom negativo. Dificilmente alguém dirá que seu sonho é não engordar. Em vez disso, dirá que se vê magra ou então que emagreceu determinada quantidade de quilos. Se a pessoa deseja comprar uma casa, ela visualizará a casa. É algo bem objetivo e visto de modo positivo. Além desse processo, é preciso delimitar uma data para a realização de tal sonho. Após essa identificação, há mais fundamento.)

"Você quer um treinamento *light* ou intenso? Se for um treinamento *light*, é mais ou menos o seguinte: levamos tudo numa boa, bem tranquilo, as coisas acontecendo mais ou menos como em um mundo encantando da Disney, todos na zona de conforto (e nada contra a Disney, porque amo a Disney). Só que, desse modo, talvez você não consiga resultados tão incríveis. E tudo bem. Agora, em um treinamento intenso, você alcança a maximização de resultados. Eu quero saber de você: O que você quer? Um treinamento *light* ou intenso com resultados?"

(As pessoas não têm como fugir, elas escolherão o treinamento intenso.)

"Pessoal, só não se esqueçam de que foram vocês que escolheram isso, combinado?

"Agora, vamos falar do conteúdo que abordaremos no seu treinamento de forte impacto emocional. Lidaremos com os traços limitantes. São coisas que nós aprendemos na nossa educação, na nossa vida, com os nossos pais, desde pequenos até hoje, e que viraram uma verdade para nós, algo no qual acreditamos. Tudo o que eu vi, ouvi e senti têm poder sobre mim. Podem ser até mesmo crenças superficiais como 'Deus ajuda quem cedo madruga'.

"Podem ser crenças intermediárias, que aprendemos com nossos responsáveis, um irmão mais velho, uma avó, uma babá, uma vizinha. Pode ser até o que vi no telejornal ou li na revista. Eu, Marcelo, já me desconectei muito disso, porque já identifiquei muita inconsistência nas informações divulgadas. 'Qual é a verdade: X ou Y?'. É importante questionarmos tudo.

"Podem ser crenças profundas, que dizem respeito ao que vivenciamos. Por exemplo, eu tinha um sócio e ele me roubou. Então, sociedades não darem certo se torna uma verdade para mim."

(Você precisa fazer uma fundamentação, como essa, inspirada no Tim Robbins.)

"Há três elementos muito fortes dentro de você: voz, líder e herói, que podem ser negativos ou positivos. A voz negativa é a das lamentações, das desculpas; a positiva vem do coração. O líder positivo toma o destino nas próprias mãos e vai em frente; o negativo não existe – ele é sempre liderado pelos outros. O herói positivo faz acontecer, é herói de si mesmo; já o negativo espera ser salvo por outro herói. Quem é você? Você é do tipo que fica se lamentando, obedecendo e esperando alguma coisa cair do céu?"

(A seguir, há três recursos para usar como fundamentação; na sequência, são: fisiologia, foco e diálogo interno.)

"Algumas atitudes bem práticas ajudam uma pessoa a tomar as rédeas da própria vida. É a tríade do estado ideal. Primeiro, vamos falar sobre fisiologia. Qual é a postura corporal que favorece a tríade do treinador? Peito expandido, ombros para trás, olhar para frente. Nada de olhar para cima, pois nariz empinado demonstra arrogância, e nada de olhar para baixo, pois passa a ideia de derrota, fracasso. Tem de se olhar para frente, para o horizonte. Na fisiologia, você se posiciona desse modo, apresentando aos outros poder, perseverança, determinação, coragem, confiança. Também se recomenda manter os pés para frente, pernas entreabertas. Essa postura, aliás, estimula seus hormônios.

"E levante os braços. Você sabe como crianças que já nasceram cegas agem quando ganham uma corrida na escolinha? Elas levantam os braços. E sequer sabem que existe esse hábito, pois nunca viram ninguém fazer isso e não é algo que as pessoas descrevam. Essas crianças agem assim porque é algo intuitivo, que vem de dentro, do coração. Se você ficar dois minutos com os braços levantados, na posição de vencedor, você eleva o nível de testosterona e diminui o de cortisol.[26] Isso é científico, comprovado por meio de exames.

---

26   JERICÓ, P. O gesto de dois minutos que ajuda a ganhar autoconfiança. **El País**, 12 nov. 2018. Disponível em: https://brasil.elpais.com/brasil/2018/11/09/actualidad/1541803880_288602. html. Acesso em: 20 set. 2021.

"Agora, vamos falar sobre o foco. Tudo o que você foca expande e fortalece. Se você focar no negativo, você fica no negativo. Se você foca no positivo, você fica no positivo. Não estou falando de positividade 'bolha de sabão', eu me refiro à positividade de expandir o gigante dentro de você. Focar no que é importante. O foco ajuda no diálogo interno.

"Outro ponto importante é o diálogo interno. Precisamos ter clareza, consciência de que nossos pensamentos nos conduzem a uma situação dialógica, na qual pensamento negativo gera sentimento negativo, que, por sua vez, gera comportamento negativo. E o mesmo acontece com o que é positivo.

"Eu mudo o corpo para me empoderar. Mudo o foco e concentro meu pensamento naquilo que é importante. Mudo o diálogo interno, passando a afirmar que vai dar certo – e vai mesmo."

(É o momento de realizar uma dinâmica. Para tanto, será necessário o seguinte: folhas de papel – de caderno, ou sulfite, ou jornais, ou revistas; giz de cera ou canetão; dois sacos de lixo para cada participante; e um sabonete. No caso de evento presencial, é nossa responsabilidade disponibilizar esse material; no on-line, pedimos com antecedência que os alunos o providenciem. A dinâmica deve ocorrer assim: a pessoa escreverá com giz de cera ou canetão seus traços limitantes nas folhas e depois as colocará dentro dos sacos de lixo – um saco aberto dentro do outro para ficarem reforçados. Inserir também o sabonete, que funcionará como um peso para o movimento que farão com os sacos de lixo. Você começa a explicação pela fundamentação. Não use um tom imperativo; em vez disso, faça tudo soar como um convite, a fim de que as pessoas se sintam à vontade com a dinâmica.)

"Todos nós temos crenças ou traços limitantes: pensamentos, sentimentos e comportamentos negativos. Mas, se você abordar qualquer pessoa e lhe perguntar: "Quais são suas crenças limitantes?", ela vai resistir, dizendo que não tem nenhuma. Então, não vou perguntar para você das suas crenças limitantes. Vamos fazer uma dinâmica que vai ajudar você a entender o que acontece na sua vida hoje. Só vou fazer um pedido bem especial: entre de cabeça, deixe fluir, libere tudo o que há dentro de você!

"Eu direi algumas palavras, e tudo o que surgir na sua mente, não questione, não reflita sobre, não se pergunte o que a sociedade pensaria. Libere tudo o que vier para você agora!

"Na primeira etapa, quero que cada um busque na sua mente pensamentos negativos. Todos nós temos pensamentos negativos. Pode ser, por exemplo: "Fico 'rolando' na cama sem conseguir dormir, porque não paro de pensar: 'Será que vai dar certo?' ou então 'Como vai ser amanhã?'".

(No roteiro há vários exemplos de pensamentos negativos listados. Leia-os de modo cadenciado, devagar. E não se esqueça de completar, avisando aos presentes: "Se isso passa pela sua cabeça, anote". Geralmente, as pessoas escrevem muitos pensamentos negativos.)

"Vamos agora para a segunda etapa, a de sentimentos negativos. Quero que escreva, em qualquer parte dentro da silhueta, todos os sentimentos negativos dos quais se lembre. Vou falar alguns para você. Se fizer sentido para você, anote-os."

(No roteiro, há vários sentimentos negativos. Leia-os de modo cadenciado, devagar.)

"Vamos para a terceira etapa agora, a de comportamentos negativos. Anote, em qualquer parte fora da silhueta, todos os comportamentos negativos dos quais se lembre. São aqueles comportamentos recorrentes na vida. Quais são os comportamentos negativos que você percebe em si mesmo?"

(No roteiro, há uma lista com vários comportamentos negativos. Leia-os de modo cadenciado, devagar.)

"Agora vamos para a quarta etapa. Peço que amasse as folhas e as coloque dentro do saco, junto com o sabonete. Agora dê um nó no saco."

(Essa dinâmica não pode ser feita antes do almoço, porque o aluno pode não voltar. Após o almoço, você fará a dinâmica de empoderamento, a fim de preparar o participante para outra dinâmica, só que de transformação.)

Parabéns! Com tudo que foi feito até aqui, você construiu a sua autoridade. As pessoas falarão: "Esse treinador entende do que está falando!".

11.

EVOLUÇÃO RÁPIDA

AS EMOÇÕES EM DESTAQUE

As pessoas se permitem ser transformadas durante um treinamento. Essa é uma decisão delas, mas que é induzida pela entrega do treinador. Isso é muito importante, pois mudar a vida das pessoas é o real indicador de um trabalho de qualidade em nossa área. Então, quanto melhor e mais impactante for a sua entrega – algo que compreende amor, carinho e a qualidade do seu produto –, mais emoções você despertará no seu público e mais ele se transformará.

Além de ser reconhecido como autoridade no assunto, você precisa continuar evoluindo, a fim de ser percebido como treinador herói, o tipo que mexe com as emoções das pessoas. É uma enorme responsabilidade – moral e até mesmo legal – despertar fortes emoções nas pessoas por meio de dinâmicas. Em algumas, usamos caixões, e há quem não se sinta confortável com isso. Em outras, entramos em um matagal, com o céu já escuro, e muitos têm medo de cobras e até de baratas e grilos. Há também dinâmicas em que usamos fogo. Você deve ter muito cuidado e consciência ao lidar com essa área.

Ninguém deve começar a carreira de trainer oferecendo um treinamento de fortíssimo impacto emocional, como o meu *Vida extraordinária,* por exemplo. O ideal é começar com um produto com dinâmicas simples, como a do bastão, a da placa ou a da flecha.

CONSTRUINDO A PERCEPÇÃO DE HERÓI EM UM EVENTO

No day training de herói narrado no capítulo anterior, você estabeleceu sua autoridade e conscientizou os alunos sobre quais são seus traços limitantes. Estes não afetam somente a pessoa, mas todos ao redor dela, sobretudo a família, e precisam ser vencidos.

Retomando de onde havíamos parado, cada pessoa da plateia preparou o saco contendo, por escrito, seus pensamentos e sentimentos aos comportamentos limitantes. E agora está pronta para começar seu processo de transformação. Mas ela deve deixar seu saco de lado, porque é hora de começar outra dinâmica, mas de empoderamento, de heroísmo. O objetivo aqui é que os alunos entendam que possuem dentro de si forças diversas para superar essas questões negativas – no interior de cada um de nós, há um verdadeiro gigante, que, com certeza, consegue prevalecer sobre o negativo, mas ele precisa ser acordado.

O que mostramos aos alunos é que a determinação já existe dentro deles – assim como a confiança, a coragem, a perseverança, a força, o poder. Todas essas características positivas podem ser expandidas e os ajudam a superar os traços negativos, tanto pensamentos como sentimentos e comportamentos.

Não me refiro a superações frágeis, nem à positividade motivacional, do tipo: "Levante a poeira e dê a volta por cima, você consegue!".

Não é isso! O processo a ser oferecido é sólido, profundo; é algo que se sedimentará no inconsciente e no coração daquela pessoa. Estou falando sobre mostrar para ela que existe uma força interna. É iniciado, na verdade, um processo de autodesenvolvimento, e a pessoa levará do evento as ferramentas que você lhe deu. Ela poderá continuar usando tais ferramentas ao longo da vida e, assim, ela se desenvolverá.

A seguir, um roteiro detalhado que exemplifica uma dinâmica de heroísmo.

(A dinâmica começa com uma fundamentação sobre as emoções básicas do ser humano e compartilha descobertas da neurociência sobre neurotransmissores e hormônios. Apresentar dados científicos é uma vantagem, pois isso o ajudará a fortalecer ainda mais a sua autoridade.)

"Como comprovado em pesquisas neurocientíficas, em momentos de alegria estimulamos nossos neurotransmissores e nossos hormônios, como a serotonina, a dopamina e a endorfina, ligados a alegria, prazer, satisfação, êxtase e felicidade.[27] E quando sentimos afeto, carinho e amor, estimulamos o hormônio ocitocina.

"É por isso que estimulamos as pessoas a se abraçarem durante os eventos de forte impacto emocional. Um abraço que dura 59 segundos. Sabe por que vale a pena abraçar alguém por quase um minuto? Porque esse é o tempo que leva para elevar a ocitocina.

"Outro hormônio importante é a testosterona, que causa sensação de poder, determinação, perseverança, confiança, coragem, força e outros impulsos similares.

"Vamos experimentar algo aqui. Tente se conectar a um instante de sua vida em que você foi desafiado a realizar algo incrível, sentiu-se capacitado para tal e realmente obteve sucesso. Se você foi capaz de fazer aquilo direito, você sabe que consegue repetir o feito.

---

27   GONÇALVES, F. Os hormônios da felicidade. **Unimed,** 13 maio 2019. Disponível em: https://www.unimed.coop.br/viver-bem/saude-em-pauta/os-hormonios-da-felicidade. Acesso em: 22 set. 2021.

Perceba a postura do seu corpo com essa lembrança: você está em uma pose específica, jogando os ombros para trás, olhando para o horizonte, com uma fisionomia de determinação, força, garra. Quando seu corpo reage assim, mesmo sem uma memória específica, a testosterona começa a ser elevada.

"Algumas pessoas me perguntam: 'Mas a testosterona não existe só no homem, pois é produzida nos testículos?'. Acontece que a mulher também produz testosterona.[28] Uma parte é produzida nos ovários, em um nível muito mais baixo que no homem, e outra parte nas glândulas suprarrenais, localizadas acima dos rins, onde é liberada uma quantidade mais alta.

"E quanto aos hormônios negativos? São a adrenalina e o cortisol. A adrenalina é o hormônio do pânico, do medo intenso. Imagine que entre um urso aqui. Você tende a ficar com tanto medo que perde racionalidade e toma decisões só com base na emoção. Sua reação pode ser ficar paralisado, correr de medo ou enfrentar o perigo com muita coragem – nesses três casos, é a adrenalina que está agindo. A decisão corajosa de enfrentar o urso, mesmo a pessoa sabendo que não será párea para ele, é uma decisão errada tomada no calor da emoção. Já o cortisol é o hormônio da preocupação, do estresse, é aquele que estraga a nossa saúde física e mental, causando ansiedade e pânico.

"Quando você eleva a testosterona, diminui a adrenalina e o cortisol, por isso é tão importante a testosterona. Também elevamos a dopamina, endorfina e serotonina, que nos dão alegria. Se você sentir alegria, a preocupação, a ansiedade e o estresse saem de fininho.

"Quando acontece uma ausência ou um nível muito baixo de hormônios positivos, as pessoas se sentem tristes e apáticas.

"Às vezes, pessoas que passam por grande tristeza comparecem aos eventos. Tentamos ajudá-las a melhorar nem que seja 1%, descobrindo a força que têm dentro de si. Algumas ganharão mais consciência dessa força interna, outras, menos, mas a maioria sai daqui com insights

---

28   LEMOS, M. Testosterona: sinais de que está baixa e como aumentar. **Tua Saúde** [s.d.]. Disponível em: https://www.tuasaude.com/testosterona/. Acesso em: 22 set. 2021.

importantes. Fato é que, ao término de um evento desses, é grande o número de pessoas que lhe dá um feedback, dizendo: 'Eu estava me sentindo muito triste e agora estou bem melhor!'. Algumas pessoas não sentem melhoria alguma durante o evento, mas sentirão depois, em casa, quando a 'ficha cair'.

"E a razão principal para essa mudança positiva acontecer é que, durante o evento, essas pessoas tristes estimularam esses hormônios e aprenderam a lidar com eles; descobriram como estimulá-los sempre que necessário. Tive um aluno cujo sonho era trabalhar em uma grande empresa de software. Ele havia participado de um processo seletivo dela e não fora aprovado. Ele já tinha desistido desse sonho, mas, após fazer o treinamento conosco, destravou, tentou novamente e conquistou a posição que almejava. Um tempo depois, foi transferido para a matriz da empresa, nos Estados Unidos, e hoje está em uma subsidiária europeia. Outro exemplo é o de uma aluna que tinha um carro na garagem, mas não o dirigia, traumatizada. Depois do nosso treinamento, ela passou a dirigir não somente na cidade, mas também em estrada.

"Vou trabalhar com você o seu empoderamento em uma dinâmica que eu chamo de círculo de excelência, que reúne amor, alegria e poder. Quanto mais a pessoa realiza essa prática, mais ela eleva sua força e desperta seu gigante interior. Lembre-se de que tudo o que você percebe sobre si mesmo neste evento já existia dentro de você, apenas o estimulamos a enxergar como está a sua vida hoje e como você deseja que ela seja daqui em diante."

(Começa a dinâmica de amor, alegria e poder, respectivamente estimulando a ocitocina; o trio dopamina, serotonina e endorfina; e a testosterona. A imagem de uma pessoa na seguinte posição é projetada na tela: pernas entreabertas, braços para cima, palmas das mãos para o céu, cabeça para trás, olhando para o céu. Essa é a posição perfeita para a dinâmica. Um feixe de luz forma um círculo de excelência imaginário.)

"Por favor, fique em pé e afaste as cadeiras, empilhando-as próximas à parede e deixando o salão livre.

"Cada aluno deve escolher um espaço que lhe permita dar um passo para frente e um para trás. Então, imagine bem na sua frente um círculo cuja luz vem lá de cima, do Universo, de Deus. Esse círculo atravessa o chão e vai até o centro da Terra. Existe uma energia nessa luz que fica em movimento, rodeando dentro do círculo, e por isso se chama círculo de excelência.

"O círculo de excelência é um empilhamento de recursos que, na programação neurolinguística, chamamos de âncoras. Nós vamos empilhar ali os recursos que temos em nós, do amor, da alegria e do poder. De uma só vez, traremos todos esses recursos para dentro do círculo e vamos ancorá-los ali.

"A âncora é um estímulo sensorial que conecta você a algo e o faz mudar de estado. Por exemplo, sempre que escuto 'Dancing Queen', do Abba, me conecto com os bailezinhos das décadas de 1970 e 1980, e sinto saudade daquela época. Essa música é uma âncora que muda meu estado. Âncoras olfativas, por exemplo, são muito fortes, de cheiro de mar a pães saindo do forno passando por perfumes. Quem se lembra de alguma coisa ao sentir esses cheiros?

"Feche os olhos e imagine o círculo de excelência na sua frente. Agora peço que siga minhas instruções, por favor.

"Dê um passo para frente e entre no círculo. Sinta a energia que vem de Deus, do Universo, que passa por você tomando conta de cada fibra, de cada célula, de cada músculo do seu corpo, indo até o centro da Terra e voltando.

"Primeiro será a energia do amor. Sinta essa energia. Então dê um passo para trás e saia do círculo. Agora, dê um passo para frente e sinta a energia da alegria. Dê um passo para trás novamente. Entre de novo no feixe de luz e sinta a energia do poder. Quando eu der o comando 'Âncora!', você vai se posicionar com as pernas entreabertas e dará um grito primal, que é o primeiro grito que todos nós damos ao nascer, quando tomamos o primeiro fôlego, o oxigênio invadindo os pulmões.

"Esse grito primal mostra para Deus e para o Universo que você nasceu, que está neste mundo e que agora vai fazer algo relevante. Prepare-se, você ouvirá muitas pessoas gritando, se extenuando para Deus e o Universo ouvi-las. 'Âncora!'

"A partir de hoje, você terá esse círculo de excelência na sua frente para o resto de sua vida, só que não mais precisará se colocar nessa posição fisicamente ou gritar. Basta fechar os olhos e imaginar que está nessa posição dando o grito primal. Quando fizer isso, seu estado mudará de imediato."

(Para a leitura de roteiro, o ideal é que se treine bastante antes de aplicá-lo. À medida que as músicas forem tocando, é importante que o volume delas seja controlado de modo a combinar com o som da sua voz. Durante a leitura do roteiro, os tons importam: amor e alegria pedem leveza na voz. Quando falar sobre poder, o seu gigante entrará em ação com um tom muito forte e vigoroso. Você perceberá como isso emociona as pessoas.

Após essa dinâmica, os alunos estão preparados para continuar a do saco de lixo. Você pode deixar projetado o slide 'Traços limitantes' com uma música tocando ao fundo.)

"Agora pegue o seu saco de lixo. O que é que você tem dentro dele? Seus piores inimigos. Aqueles traços limitantes que estão atrapalhando profundamente a sua vida, impedindo você de ser mais feliz, de realizar mais, de amar mais, de conquistar o que deseja.

"Este é o momento em que você, com seu gigante interior, com essa sua força interna, mostra para os seus traços limitantes que quem manda na sua vida, no seu destino, é você. Bata com o saco à vontade no chão, continuamente, até eu dar o comando para parar."

(Quando realizamos essa dinâmica em um hotel, as pessoas podem bater os sacos nas cadeiras. Em eventos on-line, peço que verifiquem a possibilidade de batê-los em uma poltrona, no sofá ou na cama. De qualquer maneira, bater o saco no chão é garantia de sucesso. Se alguém

tiver problema de joelho, lombar, coluna, que cause desconforto bater no chão, peço que se sente no chão com as pernas abertas. E pode se encostar na parede também se precisar.)

"Podem parar! Agora chegou o momento de você trazer à tona esses recursos que elevou, como o amor, a alegria e o poder. E vamos acrescentar a isso os recursos do seu tigre interior. Quero materializar ainda mais essa potência. Pense em um tigre e na força, no foco e na adaptabilidade desse animal."

(Uma curiosidade: o tigre é o animal que simboliza o Institruo Lyouman. É muito comum animais simbolizarem institutos arquetipicamente, porque os treinadores criam âncoras com rinocerontes, leões, lobos, águias etc. As pessoas se conectam muito com arquétipos. Minha âncora para mudar rapidamente de estado é o tigre. Temos centenas de alunos que tatuaram em si um tigre por causa dos treinamentos, o que dá uma ideia da intensidade e profundidade do processo.

Depois que as pessoas baterem com os sacos, eles vão se rasgar e seu conteúdo se espalhará. Será preciso limpar o ambiente.)

"Viu como os seu traços limitantes viraram lixo? Agora, o pessoal da equipe vai entrar com sacos de lixo. Pegue esses traços limitantes, que não passam de lixo, e os coloque dentro do saco para a equipe descartar."

(Dependendo do lugar de treinamento, uma alternativa é fazer com que as pessoas levem seus sacos e traços limitantes para serem queimados em uma fogueira. No evento on-line, nunca peça à pessoa que queime esse material, pois é perigoso, você não terá controle sobre o ambiente em que ela está. Peça sempre que deixe o lixo em um lugar apropriado para tal.)

O que você leu nesse roteiro foi um trabalho com bioenergia, que, nas Artes Cênicas, chamam de catarse. Nesse tipo de trabalho, a pessoa executa um movimento repetidas vezes, permitindo circular a energia do corpo, da mente, da emoção e da atitude. Quando essa pessoa estiver na vida real e um traço limitante tentar dominá-la, ela associará isso a esse momento. Então, será capaz de dizer para si algo que o treinador orientou-a fazer: "Eu sabia que você apareceria uma hora, mas você não me dominará mais, pois vou fazer tudo o que estiver ao meu alcance para que nunca mais comande meu destino. Agora, eu sou a voz, eu sou o líder, eu sou o herói da minha vida".

RESPONSABILIDADE E CORAGEM DE PERDER CLIENTES

Algo que nunca pode ser negligenciado nos seus eventos é a saúde dos alunos. Nos eventos presenciais, nos quais fazemos dinâmicas mais profundas como regressões, há uma equipe de profissionais da área de saúde presente, com médico, enfermeiros e técnicos de enfermagem. Já nos eventos on-line, não usamos regressões e apenas trabalhamos o processo de consciência do estado atual para o desejado – como esse treinamento que apresentei neste livro.

Também pedimos a todas as pessoas que preencham uma ficha médica no dia do treinamento. É possível fazer isso uma a uma no momento do credenciamento, se o número de pessoas não for muito alto, ou então, para evitar aglomerações, incluir a ficha no material dos alunos, pedir que a preencham em um site ou aplicativo (utilizo o Pipe Drive) – recurso que também pode ser usado em um evento on-line. Realizar essa etapa previamente ajuda bastante.

Na ficha médica, primeiro, há espaços a serem preenchidos com informações básicas, como nome, data de nascimento, endereço, telefone, quem comunicar em caso de intercorrência pessoal ou de saúde e se pessoa está fazendo uso de algum medicamento. Se a resposta for sim, de qual medicamento. Após os dados pessoais, há cinco blocos de questões: verde, vermelho, azul, prata e dourado. As pessoas serão identificadas por meio de bolas adesivas (encontradas em qualquer papelaria) em seus crachás conforme as respostas dadas em cada bloco.

Sob a linha verde, que representa o bloco verde, listamos doenças e problemas não graves como: "fez cirurgia há mais de um ano", "faz algum tratamento psicológico", "faz uso de cachimbo", "tem problemas renais", "cumpre uma dieta rigorosa". Tal inquérito nos permite compreender melhor as reações de alguém e ter uma atenção extra a isso. Por exemplo, quem fica muito tempo sem se alimentar e passa por um treinamento de forte impacto emocional pode chorar demais e se desidratar, sentir fraqueza e até desmaiar. Se a maioria das respostas for "sim" no bloco verde, é colada uma bolinha adesiva verde no crachá da pessoa.

Em seguida, há a linha e o bloco vermelhos, parte que precisa de mais atenção. Queremos saber se a pessoa fez cirurgia há menos de um ano, se sofre de problemas cardíacos, se a pressão arterial alta é controlada com uso de medicamentos, se tem convulsões, alergia a algum alimento ou medicamento. Ficamos mais atentos a essas pessoas. Algumas dinâmicas levam os alunos a um descontrole emocional muito intenso, e os com bolinha vermelha no crachá são mais vulneráveis.

> **O PROCESSO A SER OFERECIDO É SÓLIDO, PROFUNDO; É ALGO QUE SE SEDIMENTARÁ NO INCONSCIENTE E NO CORAÇÃO DAQUELA PESSOA.**

Em eventos presenciais, quando trabalhamos o passado por meio de regressões, durante a experiência a pessoa pode ter um episódio de pressão arterial alta, o que exige cuidado redobrado. Como o primeiro sintoma nesses casos é a dor de cabeça, eu digo: "Quem está com dor de cabeça agora venha aqui falar comigo". Quando se aproximam do palco, com o microfone desligado, falo: "Quem de vocês sofre de pressão arterial alta permaneça aqui comigo". Na hora, nossos enfermeiros aferem a pressão da pessoa. Se estiver alta, a equipe médica realiza os procedimentos necessários. Não permitimos que o aluno nessa condição participe das demais etapas até que saia do risco e se sinta bem.

O bloco azul é o dos problemas ortopédicos, como joelhos e pés. Se a pessoa marcar muitos sins nele, colocamos uma bolinha azul em seu crachá. O bloco cinza abriga os problemas ortopédicos relacionados à coluna cervical e à coluna lombar, indicados com uma bolinha prata. Durante a dinâmica do bastão, como citado, se a pessoa tiver alguma disfunção na lombar poderá sentir um desconforto muito grande, então adaptamos o procedimento para que ela o realize com mais conforto.

A linha dourada pergunta sobre gravidez. Não aceito gestantes, em nenhum estágio da gestação, nos meus treinamentos. Se a pessoa omitir essa informação na ficha, ela não poderá responsabilizar o instituto, o treinador ou o treinamento caso tenha algum problema ou complicação durante o evento. Bolinhas douradas no crachá também identificam se a pessoa sofre com alguma fobia. Por exemplo, a nictofobia pode ser um problema em uma dinâmica em que apagamos todas as luzes. Se a pessoa tiver uma crise no meio do procedimento, a equipe médica estará a postos para intervir.

Pessoas que costumam apresentar episódios de descontrole emocional podem sofrer mais na dinâmica do grito primal – o primeiro grito que damos quando nascemos, ao respirarmos, enchendo os pulmões de oxigênio, e então começamos a chorar. Normalmente 10% da turma entra em ab-reação, isto é, descontrole emocional. A minha

NOS EVENTOS PRESENCIAIS, NOS QUAIS FAZEMOS DINÂMICAS MAIS PROFUNDAS COMO REGRESSÕES, HÁ UMA EQUIPE DE PROFISSIONAIS DA ÁREA DE SAÚDE PRESENTE, COM MÉDICO, ENFERMEIROS E TÉCNICOS DE ENFERMAGEM.

equipe sempre está preparada para fazer a intervenção e acalmar a pessoa. É algo que precisa ser resolvido imediatamente.

A segunda página da ficha médica é uma pequena entrevista com três perguntas dissertativas. Se vier à tona algo muito profundo, de forte carga emocional, colocamos a bolinha dourada no crachá da pessoa.

Incluímos também na ficha médica uma pergunta sobre o objetivo de vida da pessoa, para o caso de haver alguma relação entre isso e as questões de saúde. Por exemplo, se alguém escreve que seu objetivo é "livrar-se do trauma do abuso sexual que sofri na infância e me impede de ter bons relacionamentos", isso recebe uma marcação no crachá com a bolinha dourada.

Há mais informações a serem preenchidas na segunda página da ficha, como convênio médico, nome do médico, tipo sanguíneo etc. A ficha também contém alertas sobre as atividades de treinamento que podem ser contraindicadas para pessoas cardíacas, hipertensas etc.

Na terceira e última página, há um termo de compromisso que a pessoa tem de assinar para participar do treinamento. Nesse termo, destacam-se três avisos. Primeiro, o de que o participante libera o uso de sua imagem em fotografias e vídeos realizados durante o evento em publicações na internet. O segundo informa que, caso se sinta desconfortável com alguma foto, basta indicar qual e a retiraremos das redes sociais e do site. O terceiro relata quais são os processos judiciais existentes contra empresas (não contra a minha) que aplicaram as dinâmicas do caixão, o *firewalking* e qualquer outro tipo de treinamento que tenha obrigado a pessoa a fazer algo que ela não quisesse (um participante, por exemplo, processou uma empresa porque se disse obrigado a dançar determinada música).

Em todas essas ações judiciais, o argumento é de "desrespeito à dignidade". Então, ao darmos essa informação, deixamos claro no termo de compromisso que, se o cliente não quiser participar de uma atividade porque entende que fere seus valores e sua dignidade, basta avisar a alguém da equipe que não irá fazê-la. Ou seja, se participar da dinâmica, será por livre e espontânea vontade.

Todas essas medidas são fundamentais para fornecer segurança a você, ao seu negócio e, principalmente, aos seus alunos. Naturalmente, já perdi alguns clientes devido a todos esses cuidados com a saúde, inclusive gestantes.

Outro cuidado que tomo é não aceitar menores de 18 anos em meus treinamentos. Só abro uma exceção: adolescentes de 14 anos para cima podem participar do evento mediante apresentação de uma declaração de próprio punho dos pais (ou responsáveis) permitindo a participação do jovem. Além disso, faço questão que os responsáveis já tenham realizado o treinamento, afinal, assim, eles saberão como é a experiência.

E os idosos? Se saudáveis, física e mentalmente, podem participar tranquilamente dos treinamentos. Caso contrário, melhor não. Em nosso treinamento de fortíssimo impacto emocional – o *Vida extraordinária* –, uma vez contamos com a participação de um senhor de 80 anos que estava muito bem de saúde. Aliás, já tive vários alunos acima de 80 anos participando de todo o portfólio de treinamentos.

É preciso ter integridade para abrir mão de clientes e de receita. Para mim, está tudo certo, porque levo muito a sério a minha carreira de treinador. Você deve fazer o mesmo com a sua.

12.
O PRÓXIMO NÍVEL

MODELANDO OS OUTROS

Vimos como se constroem as percepções de autoridade e herói de um treinador durante um day training. A autoridade se firma na parte da manhã, e as dinâmicas à tarde, após o almoço, representam um treinamento de forte impacto emocional, no qual se construiu sua figura de herói.

Porém essa evolução ainda tem mais um passo, lembra? Você precisa ser percebido também como mentor das pessoas, provocando nelas o desejo de consumir outros produtos seus e de continuar mudando junto com você.

Tornar-se mentor de alguém é uma enorme responsabilidade: significa ser uma referência para as pessoas, alguém em quem elas desejam se espelhar. Ter um mentor é extremamente importante para todos os treinadores, pois estes também precisam ter alguém que lhes sirva de modelo ou tire dúvidas. Caso tenha um contato próximo com seu mentor, melhor ainda. Tenho grandes mentores na minha vida e vou compartilhar como essa relação funciona com dois deles: os estadunidenses Tony Robbins e Grant Cardone.

Tudo o que construí em termos de treinamentos e seminários baseou-se no que aprendi com Tony Robbins, contudo adicionei a isso meu próprio DNA. Você não me verá gesticulando como o Tony, por exemplo, mas me espelho nele. Consumo regularmente quase todos os seus produtos, desde livros até formações. Já no modelo estratégico e comercial, Grant Cardone é o meu mentor. Comprei seu *bootcamp*[29] para ir aos Estados Unidos e estar perto dele e de seu time, entendendo o processo e tirando dúvidas.

Agora, vamos falar de mais uma parte do treinamento, uma transição, na qual o público irá reconhecê-lo como mentor. Quando isso ocorrer, o aluno naturalmente desejará continuar acompanhando você. "O que esse treinador tem a me oferecer se eu continuar esse processo de aprendizado e evolução?", é o que essa pessoa se perguntará. E a resposta está no treinamento de um dia.

COMO CONSTRUIR A PERCEPÇÃO DE MENTOR EM UM EVENTO

Depois do almoço, utilizamos dinâmicas de transformação baseadas na bioenergética para promover o empoderamento. A próxima dinâmica quebrará a tensão emocional que preencheu o ambiente. É uma dinâmica leve, gostosa, mas de grande profundidade, que trará à tona elementos inesperados de cada pessoa. Os alunos se sentirão incrivelmente tocados com ela. Chama-se: *Encontro com o mentor do futuro.*

---

29   ZUCHER, V. Bootcamp: Entenda o que é e como eles funcionam na progamação. **Le Wagon**, 6 out. 2020. Disponível em: https://www.lewagon.com/pt-BR/blog/o-que-e-bootcamp. Acesso em: 22 set. 2021.

VOCÊ NÃO ME VERÁ GESTICULANDO COMO O TONY, POR EXEMPLO, MAS ME ESPELHO NELE.

Essa dinâmica precede o momento de ofertar o treinamento de próximo nível para os seus alunos: o pitch principal. Você apresentará uma oportunidade incrível para que os alunos evoluam com você para o próximo nível, bem mais profundo e intenso quando comparado com o atual evento. Por isso, é importante que você seja visto como mentor e assim desperte no público o desejo de continuar trilhando esse caminho.

Quer um bom exemplo de aplicação dessa dinâmica? Ela é especialmente útil para ajudar as pessoas a terem mais saúde – física, emocional e espiritual. Não me refiro à religião; a intenção é fazê-las se conectarem com o que têm de melhor dentro de si. É o bastante para elevar a saúde espiritual das pessoas, porque, de algum modo, elas conseguem identificar Deus (ou um ser superior) em seu interior.

Em relação ao emocional, quando ele está mais negativo que positivo, as pessoas buscam prazer em vícios – pode ser na comida (açúcar, chocolate, gordura, massas e carboidratos), nas bebidas, drogas etc. Toda vez que alguém diz: "Eu tenho de beber" ou "Preciso de um chocolate" fica evidente que ele tem uma compulsão, um comportamento fora de controle.

Além desses casos citados, a dinâmica que mostrarei a seguir tem se mostrado muito útil durante a pandemia de covid-19.

(Se for aplicar essa dinâmica on-line, peça à pessoa que se levante e a realize em pé, ouvindo-o pelo computador ou celular. Já no evento presencial, peça às pessoas que afastem as cadeiras, encostando-as nas paredes, liberando espaço no salão. Coloque o slide Encontro com o mentor do futuro e distribua os participantes de modo que fiquem em pé, a três passos de distância uns dos outros, e possam andar sem esbarrar em ninguém.)

"Depois de tudo que vivemos intensamente aqui, e da sua transformação, a pergunta agora é: 'Após enfrentar essas feridas mortais e passar por um profundo autoconhecimento, eu serei, daqui a um ano ou cinco anos, uma versão melhor de mim mesmo? Ou simplesmente serei a mesma pessoa? Ou será que serei pior?'

"E eu respondo a você: se você passou por um processo profundo de autoconhecimento e já sente que neste momento é uma nova versão de si mesmo, saberá usar sua força interior para se conectar com a sua essência e, assim, conquistar inteligência emocional. Então, você só vai melhorar com o tempo. Mas pense em quem será você daqui a cinco, dez, vinte anos.

"No futuro, você será um vencedor, um realizador de sonhos. Você conquistará tudo o que almejou. Sendo assim, não existirá mentor mais incrível do que você.

"A dinâmica que faremos a seguir conectará o você de agora ao mentor que você será. O você de hoje e o você de amanhã se encontrarão, e esse mentor do futuro lhe transmitirá uma mensagem especial, de amor, carinho e afeto. Assim, encerraremos o trabalho com os traços limitantes. Essa dinâmica é tão sensacional que eu poderia encerrar o treinamento após conduzi-la, mas não farei isso. Ainda temos mais algumas etapas nessa jornada de evolução."

(É preciso treinar bastante o roteiro a seguir, para que a sincronização entre a sua fala e a música seja perfeita. As partes do texto que coincidem com a potência da música devem estar em negrito e trazer

seus comandos para os alunos andarem. Os alunos devem permanecer de olhos fechados enquanto você lê o roteiro de maneira cadenciada. Eles apenas os abrirão ao seu comando para andar.)

"Dê o primeiro passo em direção ao seu sonho, agora!
"Mais um passo firme agora!
"Prepare-se e dê esse passo, agora!

(Esse roteiro de empoderamento é realmente sensacional.)

"Caminhe para se encontrar com o seu mentor do amanhã, que é você mesmo. Abrace a si mesmo e escute a sua mensagem lá do futuro, a mensagem de que vale a pena realizar o seu sonho."

(As pessoas se maravilham durante esse processo.)

STORYTELLING É IMPORTANTE

Histórias reais de alunos compartilhadas rapidamente durante o evento sempre surtem um bom efeito. Eis uma das minhas preferidas. Certa vez, em um treinamento de forte impacto emocional, participou um aluno com 2,10 metros de altura e musculoso. Em uma dinâmica parecida com a do bastão (era um bastão de borracha), ele devia bater e falar alto as frases positivas que lhe seriam fortalecedoras, mas esse aluno não parecia disposto a fazer isso; batia com o bastão sem muita força, afirmando que tudo aquilo parecia algo violento e ele não era assim. Pensei que nunca mais veria esse aluno, mas lá estava ele em outro evento nosso, que, justamente, teve a dinâmica da quebra da placa. Ele escreveu as feridas mortais na placa e o passo seguinte era quebrá-la. Eu me aproximei do grupo, para conferir se ele realmente faria a dinâmica conforme fora proposto.

Uma das palavras que ele havia escrito era "incapacidade". E o fato é que, para quebrar a placa, ele tinha de se sentir capaz. Era fácil de quebrá-la, mas decidi dificultar o processo: disse ao aluno que ele teria um desafio a mais. Solicitei a dez pessoas que o segurassem. Ele teria de se desvencilhar delas enquanto, na frente dele, eu falava: "Você tem capacidade ou não tem? Fale bem alto: 'Eu sou capaz'!". Eu pedia a ele que gritasse aquelas palavras, mas o aluno continuava falando-as em um tom baixo. Então, encarei-o e disse: "Com todos esses músculos, você diz que é capaz? Você não é capaz de nada!".

Naquele momento, algo mudou nos olhos dele. O homem começou a arrastar as dez pessoas e eu junto – porque o segurava pelo peito. Pedi a ele que desse dois passos para trás e quebrasse a placa. E assim ele o fez.

Esse aluno era músico, e seu sonho era gravar um CD. Depois desse evento, em uma semana compôs doze músicas e gravou um CD.

Todos nós temos os recursos, mas talvez estejam adormecidos dentro de nós. Eles precisam aflorar para que façamos o que tem de ser feito.

O COMERCIAL

Vamos agora inserir o processo comercial no evento.

Logo depois que terminarmos a dinâmica do encontro com o mentor do futuro, acontecerá o **pilar retorno,** que é o pitch principal. É nesse momento que você fará a transição do herói para o mentor. Nesse ponto, no inconsciente de cada aluno, a mensagem é a seguinte: "Eu quero mais disso, me ajude no meu desenvolvimento pessoal, eu quero continuar com você, eu o escolho como meu mentor".

Então, você oferecerá uma oportunidade incrível para a pessoa participar do seu próximo produto de evolução. Em um day training, fazemos quatro pitches comerciais, porque, como diz o nome, esse evento é um dia só de treinamento. Se realizar um evento com duração de dois dias, deverá ter seis pitches estratégicos.

Por exemplo, se você vai fazer um pitch de um ingresso de alto valor, é importante passar mais tempo na transformação dos alunos, pois assim será maior a probabilidade de eles comprarem o produto. Por que isso acontece? Porque quanto maior é a transformação, maior é o desejo do cliente de continuar o processo de evolução. Se você ofertar um processo de evolução mais caro, em um dia de treinamento, fazer essa venda será desafiador. Com dois dias de treinamento, a venda do mesmo ingresso será mais fácil. Com três dias de treinamento, será ainda mais.

A estratégia para apresentar à plateia oportunidades de evolução muda conforme a duração do evento. Em um day training como o que estamos mostrando neste livro, há quatro tipos de pitches:

- Pitch *dream come true*;
- Pitch principal;
- Re-pitch;
- Pitch escala.

Tanto você como os participantes do seu evento precisam entender que, toda vez que você apresentar uma oportunidade incrível, isso será um ato de amor. E por duas razões.

A primeira é: você sente admiração pelo trabalho que faz como treinador! Então, se você tem real admiração pelo seu produto, e o trata como um filho, ao oferecê-lo aos participantes você os está tratando como família – por isso é um ato de amor.

A segunda razão é a oportunidade em si, o desconto. Você pode oferecer uma excelente oportunidade financeira para essa pessoa fazer o treinamento. Se um produto de desenvolvimento humano no mercado custa determinado valor, você pode oferecer um desconto de 30% a 50% em relação ao preço de tabela.

Alguns treinadores acreditam que descontos desvalorizam seus produtos, mas discordo. Quando o desconto visa fazer o bem para um número maior de pessoas, isso mostra que não se trata de guerra de preços, mas da realização de um propósito. Talvez algumas pessoas simplesmente não possam pagar um valor maior e, devido ao desconto oferecido, terão a chance de participar do evento e se desenvolver.

Além disso, o aluno pode pagar quando quiser o valor de tabela; a metade do preço é apenas para a ocasião do evento, um prazo bem limitado. Essa prática é muito usual no mercado de educação executiva, por exemplo.

Não tema perder dinheiro; isso não acontecerá. Você se posicionará melhor no mercado, impactará positivamente um número maior de pessoas e monetizará mais. No final, vai ganhar mais dinheiro, não perder. Lembre-se: sua missão é transformar vidas; ganhar dinheiro é a consequência disso.

É algo que precisa ser verdadeiro para você. Senão, acontece algo que vejo bastante no mercado: treinadores orientando as pessoas a agirem de determinada maneira, mas, na verdade, querem é que elas abram caminho para eles.

É importante também falar da importância do posicionamento, o que lhe dará segurança em relação aos pitches. Em 2009, quando entrei no mercado, decidi que meu instituto teria um posicionamento intimista, sendo pequeno e modesto, mas dentro de um ecossistema. O meu produto era leader training, algo que não oferece possibilidade de escala, porque é inviável realizar esse tipo de evento para um público de mil pessoas. Uma turma de leader training alcançaria trezentas pessoas no máximo – é impossível passar o conteúdo com excelência para um número maior que esse.

Há dois anos, mudei de ideia: "Agora eu quero escalar". Então, mudamos o seminário de inteligência emocional, atualmente nossa porta de entrada, e estamos escalando – aumentando o número de participantes nos seminários e o de seminários realizados.

Contratei três consultorias para realizar essa mudança, pois, embora eu desejasse um posicionamento de escala, queria oferecer ao meu público algo diferenciado. Em uma dessas consultorias, fui mentorado por um especialista estadunidense que me ensinou a fazer o pitch principal – diferente de tudo o que está disponível no mercado. É preciso, sim, ir na contramão do que está sendo feito.

Agora vamos falar dos pitches do day training.

Pitch *dream come true*

O objetivo desse pitch é criar uma cultura comum, entrelaçando seu evento e seus produtos. Por meio dele, você definirá o seu posicionamento de mercado.

A palavra-chave é oportunidade. Na mitologia grega, Kairós é o deus da oportunidade.[30] Ele tem cabelos longos caindo na testa, e a face na parte de trás da cabeça. Simbolicamente, isso significa que, quando a oportunidade chega, é preciso agarrá-la de frente, porque se ela passar... já era. Assim, sua fala de treinador para seu público deverá ser: "Quando eu lhe apresentar uma oportunidade, agarre-a".

Vamos ver como isso funciona. Suponha que você ofereça oportunidades para 7% dos duzentos participantes do seu evento; serão, então, catorze oportunidades de desconto. Se meu produto são livros, digo: "Este livro custa 45 reais, mas vou fazer o preço de custo, que é de 20 reais, para catorze pessoas. Todo o dinheiro arrecadado agora será doado para determinada instituição de caridade. Quem quiser pode adquiri-lo com as pessoas da equipe". E você verá o resultado: as pessoas serão rápidas para comprar, esgotando os exemplares em um instante, pois é a cultura de Kairós; toda oportunidade tem de ser agarrada.

Quem não tem livro próprio pode ofertar obras de outros autores. Algum livro que impactou a sua vida, por exemplo. Fale às pessoas sobre esse impacto, explicando por que você trouxe aquele livro para o seu evento. Diga que na livraria custa determinado valor e que, com você, o valor é menor.

---

30   GALLO, F. Kairós, o deus das oportunidades. **Estadão**, 8 jun. 2020. Disponível em: https://economia.estadao.com.br/noticias/geral,kairos-o-deus-das-oportunidades,70003327519. Acesso em: 22 set. 2021.

Pitch principal

As pessoas já passaram pela experiência de aproveitar a oportunidade de comprar o livro. Você vai seguir praticamente a mesma linha, mas agora trabalhará com prazo. Como eu vou oferecer uma grande oportunidade para as pessoas, determino um prazo: "Esse desconto é válido apenas hoje, aqui, neste evento". Então, faço um intervalo de trinta minutos. Quero que a pessoa efetive a compra nesse tempo.

É muito importante ter um *banner* desse produto no salão do treinamento ou exposto em algum lugar onde você esteja apresentando o evento on-line. Isso é muito importante, pois, na hora em que você fizer a oferta, as pessoas já saberão do que você está falando – elas estão vendo o banner a todo momento, muitas já foram perguntar à equipe sobre aquilo na hora do almoço etc.

Suponha que o nome do treinamento seja Epicus. Diga à plateia que alguns participantes procuraram você para perguntar sobre o produto do banner, o Epicus 2, na hora do almoço.

Primeiro, peça permissão aos alunos para falar do produto; jamais "jogue-o no colo" dos participantes. "Posso falar por cinco minutos sobre uma oportunidade que tenho a lhe oferecer com esse produto Epicus?". Ou: "Quem aqui me permite falar desse produto agora me responda com um 'sim'!". (No presencial, o "sim" será dito pelo público, mas, no on-line, escrito no chat.) A maioria lhe responderá "sim", pois sente-se grata por tudo o que você realizou até agora. Então, você agradece: "Obrigado pela permissão".

Se for um produto de desenvolvimento pessoal, não nichado, você não precisa explicar os benefícios, porque as pessoas já sabem, sentiram a vibração. Basta informar o básico: "Epicus 2 é um evento de determinados dias, será realizado em determinado local, em determinada data". O produto nichado requer uma explicação. Tome cuidado com adjetivos negativos, como insano – além de negativo, propaga o estigma de saúde mental. Não diga que tem a oferecer uma oportunidade insana, substitua o termo por incrível. Um exemplo:

O valor normal deste produto é 1.500 reais, mas quero trazer uma oportunidade incrível para você. Só que tem um detalhe: essa oportunidade vale apenas para quem está aqui. Não fazemos isso lá fora, o valor que está no site é outro. Apresentamos essa oportunidade apenas para você que está aqui hoje porque é o justo. Hoje é sábado, e você poderia estar em um churrasco, em um hotel fazenda, na praia; mas não: você tomou a decisão de estar neste evento, e eu quero honrar a sua decisão. Essa oportunidade é válida até o final do nosso treinamento de hoje.

Você diz isso e imediatamente risca em um quadro branco, com caneta vermelha, o valor cheio do produto, escrevendo com a cor azul ou verde o novo valor. Isso deixa a pessoa mais à vontade para se aproximar. Além de indicar o valor já com o desconto, coloque o valor da parcela – lembrando que, quanto maior o número de parcelas, mais juros incide sobre o valor total. Por exemplo, diga e escreva "12 x 75", e certifique-se de ter orientado sua equipe a puxar palmas nesse momento. Logo todos vão aplaudir, porque você está apresentando uma oportunidade incrível. Não escreva R$, vírgula, nem qualquer outro complemento. Deixe o número redondo e simples para as pessoas entenderem melhor. E você vai fechar da seguinte maneira: "Vou dar um tempo para quem deseja comprar o produto. Pode falar diretamente com a minha equipe, ela cuidará disso para você".

Sua equipe deve estar preparada para atender aos alunos, inclusive no que diz respeito às formas de pagamento. Eu aceito pagamentos por meio de cartão de crédito, cartão de débito e transferência bancária – após experiências negativas com emissão de boletos, não os aceito mais. Você pode usar, em eventos presenciais, a plataforma PagSeguro, que disponibiliza pequenas máquinas para pagamentos em cartão. Em eventos on-line, as plataformas Hotmart e Eduzz geram links que possibilitam o pagamento. No entanto, confira sempre as taxas sobre as vendas que cada empresa cobra. No presencial, tenha várias maquininhas para manter as filas pequenas, pois muita gente desiste diante de aglomerações. Já no on-line, não terá esse problema, pois um link será disponibilizado e a plataforma de pagamento suporta inúmeras compras simultâneas. Essa organização ajuda muito no processo da venda.

Então, chega o momento do intervalo: "Vou dar um intervalo de trinta minutos para vocês poderem comprar, e quem quiser tomar uma água pode fazer isso agora. Depois do intervalo, nossa atividade vai ser incrível. Você não tem ideia do que vai acontecer aqui". Sempre crie expectativa antes das pausas.

Re-pitch

Significa reforço do pitch. Após o intervalo, conduzo duas dinâmicas espetaculares e, então, é hora do re-pitch. Nele, você diz às pessoas: "Quero lembrá-los de que o evento está quase acabando, e eu sei que muita gente quer fazer a inscrição para o nosso treinamento Epicus. Então, agora é a hora: aproveite. Mais uma vez, quero reforçar que essa oportunidade incrível é só para quem fizer a inscrição hoje. Se você for embora e amanhã procurar o pessoal da nossa equipe, infelizmente não poderemos manter essa condição".

E isso tem de ser verdade. Se alguém procurar você no dia seguinte, não venda o produto pelo mesmo preço que estava no evento, porque você perderá credibilidade. Se está falando que essa oportunidade vale até hoje, assim o é. Crie a cultura certa.

Pitch escala

Antes do encerramento do evento, você pode fazer o pitch escala, que é disponibilizar uma nova e diferente oportunidade para os participantes. Fale assim: "Durante o treinamento, quem pensou em alguém especial que está lá fora, mas que deveria estar aqui, junto com você? Levante o braço!". Muitas pessoas se manifestarão, e você continua: "Quem gostaria que eu oferecesse uma incrível oportunidade para essas pessoas virem ao próximo evento Epicus 1 levante o braço".

Então você lança a oportunidade: "Vou fazer algo incrível para que essas pessoas possam vivenciar tudo isso também. O ingresso normal custa 297 reais. Para você trazer quem você ama no próximo evento, a cada ingresso comprado, eu lhe darei mais dois. Ou seja, por 297 reais três pessoas importantes para você poderão participar do evento Epicus 1". Damos um prazo de determinados dias para comprarem o ingresso e definirem as três pessoas que participarão do próximo evento. O meu comercial sabe quem ficou mais interessado e entra em contato para fechar.

O pitch escala tem como objetivo terminar um evento já com muitos inscritos para o próximo. Você não precisa começar do zero. Por exemplo, na sede do meu instituto, consigo alocar 230 pessoas em um treinamento. No caso do *Seminário mente milionária,* um evento de prosperidade financeira, quando fazemos um pitch escala, preenchemos uma turma e meia; às vezes garantimos 100% de presença nas duas turmas seguintes. Algumas pessoas aguardam meses até o próximo evento. Em cada um deles, transformo a vida dos participantes e faço novos pitches de vendas. Isso gera saúde para a empresa e a certeza de que você está cumprindo a sua missão de transformar vidas.

DINÂMICA "A JORNADA DO HERÓI"

Voltando às dinâmicas, Joseph Campbell escreveu sobre a jornada do herói no livro *O herói de mil faces*.[31] Essa dinâmica, inspirada nos pensamentos desse autor, é constituída de seis etapas e é realizada em dupla, com pessoas desconhecidas. A seguir, detalho os passos:

1. O chamado

Às vezes o herói leva uma vida comum e tranquila até ser forçado a agir. Ele não tomou a decisão de agir, ele foi obrigado a tal, muitas vezes com dor. O chamado tira a pessoa da zona de conforto e a leva para a zona de ação.

---

31   CAMPBELL, J. **O herói de mil faces**. São Paulo: Editora Pensamento, 1989.

2. O portal

O herói deixa o mundo comum, que conhece, e parte para o desconhecido (ou mundo mágico). Aqui ele entra em ação motivado pelos seus princípios, valores e propósito.

3. Os inimigos

Todo herói tem inimigos internos e inimigos externos. Os externos são pessoas, situações, circunstâncias que querem nos colocar para baixo, nos travar. São aquelas pessoas que vão falar para você que não vai dar certo, que você não serve para isso. Os inimigos internos são a dúvida, os traços limitantes, as feridas mortais, a autossabotagem, as desculpas.

4. Os guardiões

Todo herói tem alguém que está sempre ao lado dele, como o mordomo Alfred, do Bruce Wayne, o Batman. São aquelas pessoas que caminham conosco em direção aos nossos objetivos.

5. As armas

São os recursos internos, o gigante que habita dentro de nós, o Deus (ou o ser superior) que vive nas nossas profundezas. As armas são os superpoderes dos heróis. Todos nós também temos a força, o poder, a determinação, a perseverança, a confiança, a coragem. Muitas vezes estão adormecidas, mas podemos acordá-las e contar com elas. No evento que estamos construindo juntos neste livro, você despertará as armas que estão no interior dos seus alunos.

6. O pódio

Aqui, o herói se transforma no mentor. Após uma jornada incrível de realização de sonhos, agora ele pode ajudar outras pessoas a fazerem o mesmo. Por ser um vencedor, por estar lá em cima do pódio, o herói está pronto para ajudar as pessoas a triunfarem também. O que você vai sentir, ouvir e ver quando estiver no pódio? Quem são as pessoas que vão olhar para você com brilho nos olhos, sentindo orgulho de você por ter vencido?

Os participantes do seu evento voltarão do intervalo e formarão duplas. Inicie essa parte falando sobre heroísmo. Geralmente, cito o Ayrton Senna. Mostro no telão algumas entrevistas dele.

No primeiro vídeo, Senna fala dos desafios que enfrentou em uma corrida específica e como os superou. Ele é um herói de carne e osso, e quero que as pessoas entendam isto: ele é uma pessoa comum, só que com grandes recursos que promoveram grandes feitos.

No segundo vídeo, o piloto quebra crenças mundiais. No mundo inteiro, todos os jornalistas e especialistas afirmavam que o circuito de Donington Park não tinha ponto de ultrapassagem. Só na primeira volta, Senna faz quatro ultrapassagens. Ao final desse vídeo, as pessoas aplaudem o piloto de Fórmula 1, porque, de fato, realizou algo incrível.

Com esses dois vídeos, os participantes entendem que Ayrton Senna não é um super-herói de quadrinhos, mas gente como a gente, e isso abre a mente das pessoas. Isso é heroísmo.

Depois da introdução sobre o que é heroísmo, passo a falar de cada etapa da dinâmica da jornada do herói. Para tanto, mostro trechos de filmes, forneço explicações complementares, faço perguntas para que as pessoas respondam em duplas.

Etapa 1

(Para entender o chamado, o filme Gladiador *é ótimo. Maximus queria se aposentar. O imperador queria indicá-lo como sucessor, mas ele não era seu filho. Não queria suceder a ninguém, queria somente voltar para a família, cuidar dos animais e plantar. O filho do imperador achou que o pai dele de fato colocaria Maximus como sucessor e então pediu que o caçassem. Ele vai atrás de Maximus, não o mata, mas mata a família dele. Maximus se torna gladiador por motivo de força maior: para poder se vingar! Ele se torna gladiador para se aproximar do filho do imperador que matou sua família. O gladiador é reconhecido como herói por ajudar muita gente, mas se tornou guerreiro na dor para alcançar um objetivo.)*

"Quando, na sua vida, você realizou um grande feito, algo incrível, não por decisão sua, e sim porque não tinha escolha?"

(Pessoa A tem dois minutos para compartilhar um grande feito com a pessoa B, e vice-versa.)

Etapa 2

(Para entender o portal, vale a pena passar um trecho do filme Matrix, no qual Morpheus apresenta as duas pílulas para Neo: a azul e a vermelha. A pílula azul significa: "Se você quer continuar se sabotando, acreditando no país das maravilhas, nas mentiras, continue!"; já a vermelha: "Você quer a verdade, é a sua decisão?". Então Neo toma a pílula vermelha. O grande ponto do portal é a tomada de decisão, em que realiza algo incrível na sua vida por escolha própria.)

"Quando algo semelhante aconteceu na sua vida?"

(Pessoa A compartilha sua resposta com a pessoa B, e vice-versa.)

Etapa 3

(É o momento de enfrentar os inimigos. Sugiro passar um trecho do filme Homens de honra. Conta a história de um mergulhador da Marinha dos Estados Unidos que sofre um acidente, perde parte da perna e passa a usar prótese. A Marinha estadunidense o coloca à prova. Ele quer continuar sendo um mergulhador militar, mas tem de provar que consegue vestir a roupa pesada de mergulho e dar no mínimo doze passos com ela usando a prótese. No filme, os inimigos externos do personagem são os homens que o estão julgando. Eles colocam dificuldades para o mergulhador poder provar que consegue dar os doze passos. O protagonista tem um grande medo de não conseguir. Precisa então superar os inimigos internos, que são as próprias dúvidas. Ele acaba conseguindo e, firme e forte, dá os doze passos.)

"Quais são seus piores inimigos, internos e externos?"

(Pessoa A compartilha sua resposta com a pessoa B, e vice-versa.)

(As pessoas compreenderão que todos têm uma história, grandes feitos. Infelizmente, porém, a maioria não os carrega consigo. De modo geral, as pessoas tendem a carregar as dificuldades e os problemas – elas se desconectam das suas realizações mais elevadas.)

Etapa 4

(Para falar dos guardiões, o filme Karatê kid, *em sua versão original, é perfeito: o sr. Miyagi é um grande guardião e mentor do Daniel San. O filme passa a ideia de que os guardiões não desistem de você, estão ao seu lado o tempo todo. É muito importante que as pessoas que amam você acreditem em seu potencial, pois são elas que vão segurar a sua mão independentemente das decisões que você tomar. Se o guardião perceber que você vai tomar uma decisão errada, ele se antecipará e o ajudará a refletir sobre qual rumo seguir. Isso confere importância àqueles que estão ao seu redor, a quem às vezes você não dá o devido valor.)*

"Quem são os seus guardiões, aquelas pessoas que estão ao seu lado, que o amam de maneira incondicional e o ajudam na sua jornada?"

(Pessoa A compartilha sua resposta com a pessoa B, e vice-versa.)

Etapa 5

(Você pode ilustrar as armas da jornada com o filme Capitã Marvel. *Em uma cena, a heroína está em um lugar que parece um círculo de excelência. Ali ela ganha força, se energiza e, com o poder, supera todos os desafios.)*

"Quais são os recursos mais incríveis que você tem dentro de si, aqueles com os quais você sabe que pode contar quando está diante de um desafio?"

(Pessoa A compartilha sua resposta com a pessoa B, e vice-versa.)

Etapa 6

(Como metáfora do pódio, eu uso o filme O rei leão. Quando Simba perde o pai, passa por uma jornada de provações e, no final, é eleito líder do grupo. Então, sobe ao pódio. Chegando lá, ele se dá conta de sua posição, emite um rugido forte, o céu clareia e todos os animais o reverenciam.)

"Quando você conquistar o seu pódio, o que você vai ver, ouvir e sentir? Quem são as pessoas que sentirão orgulho de você?"

(Pessoa A compartilha sua resposta com a pessoa B, e vice-versa.)

Dinâmica da carta

(Agora cada pessoa da plateia entende que existe um herói dentro dela e que, a partir de então, também é guardiã de outro herói. Por isso, assim que terminar a jornada do herói — em que o público deve permanecer sentado —, ela vai escrever uma carta para alguém especial, com tudo o que deseja de melhor para aquela pessoa. Quando todos os alunos terminarem essa tarefa, você os surpreenderá.)

"Quero que cada um de vocês leia a carta para si mesmo. Você não a escreveu para outra pessoa, você a escreveu para si! Tudo o que está nela é o que você deseja e merece!"

ENCERRAMENTO

Depois do pitch escala, que explicamos anteriormente, chega a hora de encerrar o evento. É o momento de você agradecer a todos pela presença e pela confiança. Então tire uma foto oficial do evento com o grupo. Depois agradeça especialmente à equipe operacional, deixando claro que o treinamento não seria possível sem a ajuda do seu time.

13.
O INSTITUTO

O SUCESSO AO ALCANCE DE SUAS MÃOS

Você usou nosso *Método rise* e começou. Lançou sua primeira palestra. Se já não ouviu, ouvirá em breve a seguinte ladainha de alguns *players* no mercado: "Você tem de cobrar caro, porque as pessoas veem o preço alto do seu produto e isso valoriza o seu trabalho".

Não caia nessa tentação. Um dia você vai aumentar os preços praticados, claro, mas há o momento certo para isso: quando você for amplamente reconhecido como uma autoridade no assunto e tiver lugar de destaque no mercado, um posicionamento. Antes disso, não aumente o preço praticado.

Vou trazer um exemplo. Grant Cardone,[32] durante três anos, focou-se na escalabilidade de seus produtos e virou uma celebridade nos

---

[32] HOW Grant Cardone Built a $750 Million Empire. **Freshsales Blog** [s.d.]. Disponível em: https://www.freshworks.com/crm/resources/grant-cardone-10x-rule-blog/. Acesso em: 22 set. 2021.

Estados Unidos. Em 2018, ele fez um evento de três dias para 3 mil pessoas, com ingressos vendidos a 97 dólares. No evento de 2019, manteve o valor do ingresso, e Grant novamente bateu o recorde nacional de um evento de treinamentos, 34 mil pessoas, ganhando autoridade e reconhecimento. Em 2020, ele pôde aumentar o valor da entrada, cobrando 225 dólares, e o evento foi para um público de doze mil pessoas, lotando um estádio. Compareci a esse evento com algumas pessoas da minha equipe.

O evento de 2021 aconteceu presencialmente em Las Vegas novamente, com o ingresso a 700 dólares. Grant conquistou milhões de seguidores no Instagram, e essa visibilidade lhe conferiu a oportunidade de aumentar o valor de seu treinamento de 225 para 700 dólares.

Posicionamento de mercado e autoridade andam de braços dados. Posicionar-se bem tem a ver com definir claramente o que você vai falar e para quem vai falar. Faça escolhas e se posicione. Especialmente no marketing para o primeiro evento. É preciso comunicar com clareza com qual nicho você trabalha. Mais tarde, naturalmente, você conseguirá levar seu público a adquirir outros produtos.

Certa vez, um aluno fez o seguinte comentário: "Atuo com três nichos: atitude que traz resultados, mentalidade de prosperidade financeira e ser bom vendedor". Eu argumentei: "Se você começar a mostrar na internet que vai falar de três assuntos diferentes, as pessoas não vão entender seu posicionamento, porque toda hora ele muda". Definitivamente, o ideal é focar em uma coisa só, a princípio.

Quando as pessoas entendem o seu posicionamento e reconhecem você como autoridade no assunto, como ocorreu com o Cardone, você

POSICIONAMENTO DE MERCADO E AUTORIDADE ANDAM DE BRAÇOS DADOS.

as atrairá com mais facilidade para o seu evento. E poderá criar mais produtos, o que é desejável.

Você sabe quais são os passos realmente importantes para o seu instituto?

1. Ter mais produtos

Eu tenho 23 produtos no instituto e só um de porta de entrada. Atraímos o maior número possível de pessoas para esse produto e, graças aos pitches de vendas, levamos mais gente para os próximos. Dessa maneira, todo mês tenho um produto que funciona como porta de entrada. As pessoas seguem de esteira em esteira, e assim conseguimos alimentar os 23 produtos que oferecemos.

Mas não foi sempre assim. Eu comecei do zero sem capital para investir em vendedores ou em divulgação na internet. No início, há onze anos, foi bem diferente.

Na sua primeira palestra, você vai colocar toda sua energia na captação de pessoas. Vai convidar seus familiares, amigos, os conhecidos de todos eles, os seus conhecidos, indicações de todos eles. Também pode fazer um anúncio na internet. Se quiser cobrar pela palestra, cobre, mas se você fizer a palestra gratuita, solicitando como entrada uma doação de 1 quilo de alimento não perecível, terá melhores chances de fazer o processo de escala.

Para um evento gratuito, use o Sympla para as inscrições – ele vai gerar um link para você colocar no anúncio das suas redes sociais. Esse anúncio será bom por dois motivos: primeiro, ele levará pessoas para a sua palestra; segundo, permitirá a você negociar e argumentar para conseguir um espaço mais barato ou até gratuito, como uma permuta.

Então, aos poucos, você começa a criar novos produtos. Aliás, se quiser dar um nome bom para eventos, faça um *brainstorming*, procure inspirações com foco motivacional e, com os nomes definidos, sempre os registre para linha de treinamentos.

Para criar outros eventos, é importante que seu conteúdo seja robusto. Aqui nós conseguimos criar um evento de forte impacto emocional com tudo organizado e fluido, uma dinâmica após a outra, os porquês, tudo muito bem estruturado, dentro dos pilares, para fazer sentido para o aluno, o treinando.

Caí em uma armadilha no início da minha carreira. Eu apenas oferecia o leader training. No treinamento, eu mostrava às pessoas o que era inteligência emocional e desenvolvimento pessoal, despertando nelas o desejo de buscar mais produtos do tipo. Acontece que os participantes saíam do meu produto e iam procurar treinamentos que eu ainda não oferecia em outros institutos. Queriam uma vivência mais profunda. É importante que você tenha para oferecer os produtos sobre os quais você fala em um evento, pois, como já foi dito antes, durante o treinamento despertamos nas pessoas um desejo de aprofundamento.

2. Colocar tudo na ponta do lápis

Para saber quanto cobrar em seus eventos, precisa colocar tudo na ponta do lápis. Tem de verificar um lugar para realizar esse evento e a receita que entrar precisa cobrir todas as despesas. Dos quase 420 eventos que fiz na minha carreira, somente dois empataram em receitas e despesas, e um quase me deu prejuízo. Depois, com o pitch de vendas que fiz nesse mesmo evento, recuperei a quantia que eu havia investido nele.

Quais custos vão para a ponta do lápis? Todos. Por exemplo, no day training que exploramos neste livro, você precisa pensar no material dos alunos: folhas de papel, bloquinho de anotações, canetas, apostilas. Você precisa verificar o valor do espaço e dos equipamentos a serem locados. A placa de madeira ou a flecha. Tudo tem de ser contabilizado.

3. Ganhar escala

Escalar é vantajoso para a saúde financeira do instituto.

Como eu já contei, em 2017, decidi iniciar o processo de escala, impactar um número maior de pessoas e, consequentemente, aumentar meu lucro. Então, fiz uma ação em Santos, cidade do litoral paulista. Locamos o espaço de um hotel e abrimos uma formação em coaching, com duração de três finais de semana, cobrando 890 reais. Participaram dessa formação 120 alunos e arrecadamos quase 107 mil reais.

Por coincidência, no mesmo hotel, um concorrente local realizava outra formação em coaching, e nossas turmas se encontraram em um final de semana. Esse concorrente cobrava, na época, 4.500 reais. Ele estava em uma sala pequena com cinco alunos, o que lhe gerava uma receita total de 22.500 reais.

Você prefere o primeiro ou o segundo valor? Tenho certeza de que você vai dizer que prefere o primeiro, de quase 107 mil reais, pois impacta um número maior de vidas e garante saúde financeira para o seu instituto. Isso produz sustentabilidade. Se estou em um evento com 120 pessoas, a probabilidade de mais gente comparecer a outro evento no meu instituto é maior.

Nessa formação de coaching fiz um pitch de vendas e nele converti 34%, ou seja, 41 pessoas compraram esse pitch de 4.500 reais, totalizando 184.500 reais.

O meu concorrente também deve ter feito um pitch de vendas. Mesmo que ele tenha vendido mais uma formação de 6 mil reais para todos seus alunos, isso daria a soma de 30 mil reais.

De novo, o que você prefere arrecadar: o primeiro ou o segundo valor? Tenho certeza de que prefere arrecadar 184.500 reais. Fora a questão da quantia, ainda levei 41 pessoas para fazer outra formação comigo. Isso é escalar.

Agora quero lhe ensinar como fazer o processo de escala no seu evento para um próximo sem tanto esforço.

Roteirizar é o segredo. No anúncio da inscrição do seu evento/palestra é importante que, no texto explicativo, ou até mesmo no Sympla, você informe que a pessoa entrará em um grupo do WhatsApp. Muita gente não gosta de entrar em grupos, mas você explica que é fechado e somente para assuntos envolvendo aquele evento.

Esse grupo no WhatsApp é importante porque permite a você realizar um aquecimento enquanto não chega o dia da palestra. É um canal de comunicação e uma poderosa ferramenta de engajamento. Não deixe de usá-lo, ele minimiza as desistências.

No dia da palestra, quando estiver chegando ao fim, diga às pessoas: "Quem aqui acha que a palestra fez sentido, me responda com um 'sim'. Ótimo! Quem aqui pensou em alguém que deveria estar aqui e não está, me responda com um 'eu'!" Então emende com o seguinte: "A próxima palestra igual a esta será neste mesmo local, no mesmo horário, no dia X. Se você deseja que essas pessoas que são especiais para você participem da próxima palestra, tenho um pedido especial. Vou publicar um texto no nosso grupo do WhatsApp e quero que você o copie e envie para elas".

Outra ação possível é comentar no Instagram, nos *stories* ou nas postagens como está sendo a sua palestra. Peça aos seus seguidores que se manifestem e marquem outras pessoas que, assim, também ficarão sabendo das palestras que você está promovendo. Além disso, você pode publicar uma mensagem sobre a sua próxima palestra no Instagram e marcar todas as pessoas que querem comparecer a ela. É uma boa estratégia.

A internet, por sinal, é uma ferramenta muito importante para quem deseja escalar. Comentei a respeito dos milhões de seguidores de Cardone no Instagram. Eu não tenho esses números retumbantes, mas estou bem posicionado e conquistei autoridade na formação de treinadores. Na internet eu não misturo produtos; só trabalho o nicho de formação de treinadores, o que reforça minha autoridade no tema. Não é difícil tornar-se reconhecido na internet, mas é preciso ter consistência.

Quando realizar eventos ao vivo, tire fotos para publicar depois nas suas redes sociais. O ideal é que tudo o que você faça esteja na internet. Observe que você precisará de conteúdo para as publicações, de tal modo que as pessoas o reconheçam pelo que você escreveu. Se você acha que esgotou determinado assunto, é sinal de que precisa de mais informações para gerar novos conteúdos. Busque conhecimento sem cessar: leia livros, marque as partes mais importantes e crie conteúdos a partir disso. Então publique os *insights* que teve durante a leitura de determinado livro. Assim você cultivará uma audiência que esperará com ansiedade o seu próximo conteúdo. Chegará o momento certo de oferecer a ela uma oportunidade: o seu treinamento.

Conhecimento é algo que ninguém vai tirar de você: é um investimento para a vida inteira. Transformado em sabedoria e compartilhado, ele o levará ao próximo nível, e muito rápido.

Quando começar a monetizar, separe 20% e invista no marketing – na internet e em redes sociais. Não confie apenas na disseminação orgânica.

4. Ter um produto de *high ticket*

Em certo momento da vida, todos desejamos respostas mais profundas – seja sobre a vida, ou em relação a nós mesmos, ou ao nosso propósito neste mundo. Ter um produto de *high ticket* é isto: oferecer às pessoas que estão nesse estágio um produto que as ajude a alcançar um nível mais profundo; e elas precisam ter a certeza de que você é capaz de oferecer algo assim. Cobre um valor alto por tal serviço. Não é, de modo algum, um produto de entrada.

> **CONHECIMENTO É ALGO QUE NINGUÉM VAI TIRAR DE VOCÊ: É UM INVESTIMENTO PARA A VIDA INTEIRA.**

5. Ter uma equipe comercial

Conforme citado na segunda parte deste livro, o segredo é ter vendedores PJ, treiná-los você mesmo – assim você elimina a exigência de experiência prévia – e pagar boas comissões. No meu caso, treino o vendedor a fazer o que é fácil, ou seja, trabalhar com sua rede de contatos.

Um teste muito importante é estimular seu vendedor a levar uma pessoa da família dele para fazer o treinamento, como um presente. Isso é estratégico, porque inicia um círculo virtuoso.

6. Ter uma equipe operacional

Importante ter em mente que nenhuma empresa é maior que seu dono – ou seja, a empresa é o reflexo do proprietário. Se o dono não tem um desenvolvimento pessoal adequado, não vai conduzir bem o negócio e a empresa não terá escalabilidade nem saúde financeira. E o proprietário é o exemplo para a equipe. No caso do time operacional, que mantém contato com o público, essa influência é fundamental. O treinador precisa preparar continuamente sua equipe operacional para atuar com eficiência em todos os processos dentro do salão, na estrutura, no cuidado com as pessoas. Além de preparar a si mesmo continuamente também.

Quando eu trabalhava sozinho, cada vez que eu decidia fazer um ajuste, sentia necessidade de testar aquilo em um evento real. Hoje realizo isso junto com a minha equipe, e, assim, os ajustes acontecem de modo muito mais rápido.

Da sua receita líquida, separe 20% para aplicar na estrutura da sua empresa. A equipe operacional deve ter uma estrutura própria, afinal, com o tempo, você deixará de alugar equipamentos de terceiros. Hoje, por exemplo, eu tenho um telão de LED; claro que, no início, você não vai precisar disso. Primeiro monetize, faça a engrenagem acontecer e depois busque recursos cada vez melhores, a fim de realizar seus eventos com melhor qualidade estrutural, oferecendo uma experiência extraordinária para o seu cliente.

7. Fazer vendas off-line

Você precisará dispor de vendas off-line, que são as vendas de captação em palestra e as realizadas por vendedores. Mesmo que a negociação se dê por meio de WhatsApp, é uma operação de vendedor e entra nesta categoria. Particularmente gosto muito de receber um "não" do cliente nessa venda argumentativa, pois me permite criar novas estratégias.

Suponha que eu envie para o WhatsApp do cliente em potencial uma mensagem com o nome do evento, um vídeo de divulgação e o valor cheio. Vamos supor que o evento custe 700 reais e que a pessoa diga que não está interessada. Dois dias depois, ofereço a ela um ingresso especial. Anuncio que consegui dois ingressos especiais, a 297 reais cada, um para mim e outro para ela. Que me lembrei dela, mas há um prazo para aproveitar esse valor: hoje.

A tendência inicial dessa pessoa é comprar. Eu lhe envio o link para que realize o pagamento e solicito o comprovante. Quando ela me envia o comprovante, eu o encaminho para alguém do financeiro e, como vendedor, sei que eu vou ganhar 30% daquele valor.

Se a resposta daquela pessoa ainda for "não", vou sugerir a ela que conversemos, presencialmente se possível, para que eu possa tangibilizar o produto. Minha fala é assim: "Para alcançar um objetivo, você percorre uma jornada. O que está no seu caminho hoje que impede você de alcançar o seu sonho mais rápido?". Então, o meu cliente vai falar a necessidade real dele: "É a falta de dinheiro, ou medo, ou a falta de tempo, ou a ansiedade". Eu lhe faço outra pergunta: "E se você tivesse uma ferramenta que o ajudasse a controlar isso que o limita, quanto você pagaria por ela?". Porque algum dinheiro ele tem. E eu encerro assim: "Desperte o seu gigante interior. Esse treinamento vai lhe dar ferramentas para controlar isso que você sente e por muito menos do que você está me falando agora. E eu consegui outro ingresso especial para você. O valor dele é 197 reais. Vamos lá comigo!"

Se ainda assim o meu cliente disser "não", respeito a decisão dele, naturalmente.

8. Fazer vendas on-line

É importante que você entenda de marketing de dois passos: o primeiro passo é oferecer conteúdo relevante para as pessoas e o segundo passo é lhes apresentar uma oferta especial. Há inúmeras maneiras de utilizar a internet para promover seus eventos, recomendo que utilize inicialmente o Instagram, Facebook, YouTube e WhatsApp/Telegram. Faça *lives*, *stories*, aulas gratuitas, lançamentos tradicionais, lançamentos meteóricos etc. Quando Dwayne Johnson resolveu ser o ator mais bem pago de Hollywood,[33] o modo mais rápido foi lançá-lo com profissionalismo na internet. The Rock é a terceira maior conta do instagram, ficando atrás apenas do Cristiano Ronaldo e da Ariana Grande.

9. Ter um mentor

É preciso ter um mentor, alguém que já tenha experiência e esteja inserido no mercado. Garanta acesso a ele para tirar dúvidas pontuais. Quando sinto necessidade de um entendimento mais profundo, acesso a equipe do Grant Cardone e sempre obtenho bons insights.

10. Cultivar uma missão

Você deve perseguir a missão do seu negócio, mas cuidado com o ego. Quando você estiver em cima do palco, as pessoas lhe darão muitos feedbacks positivos. Cuidado para não se deixar levar por isso, pois treinadores não são algum tipo de deus. Somos de carne e osso e podemos, sim, ser reconhecidos como heróis, mentores ou até mesmo magos que transformam a vida das pessoas, mas nunca seres supremos.

Lembre-se de que a sua missão é sobre o outro, por isso eu a chamo de *#ChangeTheWorld* – "Transforme o mundo". Nós ajudamos a pessoa a se transformar e, ela, indiretamente, ajuda os que estão

---

33   ROBEHMED, N. Como The Rock se tornou o ator mais bem pago de Hollywood. **Forbes**, 16 jul. 2018. Disponível em: https://forbes.com.br/principal/2018/07/como-the-rock-se-tornou-o-ator-mais-bem-pago-de-hollywood/. Acesso em: 22 set. 2021.

em volta a se transformarem também. E, assim, muitas vidas são mudadas.

11. Angariar fornecedores

Seus fornecedores básicos são os locadores de equipamentos e de espaços. Para eventos on-line, as possibilidades são maiores porque você pode montar um *set* em sua própria residência ou escritório, ou ainda alugar um estúdio de transmissão. No caso dos equipamentos, você pode adquirir um kit básico, composto de uma caixa boa de som, um microfone, um projetor e um computador. O custo não é tão elevado.

O mais caro é o espaço, lembrando que uma sede própria sempre será um investimento, porque você vai fazer o pitch de vendas. Na segunda parte do livro, compartilhei que, no início do meu instituto, eu conseguia espaços gratuitos em igrejas, teatros, lojas maçônicas, escolas, faculdades. Já realizei muitas palestras gratuitas nesses lugares; às vezes eu lhes oferecia permutas.

Hotéis são um exemplo de fornecedor que há risco de perda de dinheiro. No caso do meu instituto, realizamos 60% dos eventos na sede e os outros 40% ocorrem em hotéis. Em São Paulo, hotéis na capital atraem mais a atenção do público, mas os paulistanos estão acostumados a pegar algumas horas de estrada, e, no interior, os custos caem significativamente. Faço meus eventos em um hotel um pouco rústico em Atibaia, a cerca de 70 quilômetros da capital. O importante não é a piscina do hotel, e sim a transformação pessoal que promovemos dentro do salão.

O primeiro lugar onde fiz um leader training foi em Vinhedo, cidade próxima de São Paulo, em um hotel luxuoso. O custo de hospedagem para o aluno era altíssimo, e ficou claro que a relação custo-benefício não compensava.

12. Cuidar muito bem do networking

Já percebeu que, quando a maré sobe, todos os barcos sobem junto? Quando você está inserido em um grupo em que todos têm uma mente aberta, procurando conhecimento, melhorias, compartilhando experiências, você vai junto com todos. Relacionar-se com pessoas desse nível é muito importante.

13. Trabalhar sua experiência de palco

É importante que o treinador tenha experiência de palco, o que inclui vivência de bastidores de evento. A melhor maneira de adquirir esse traquejo é fazendo palestras.

Ter o próprio instituto e fazê-lo dar certo é um sonho realizado, um motivo de gratidão, mas também um desafio. Isso porque é necessário cuidar de uma enorme quantidade de detalhes, principalmente os relacionados à parte financeira, de gerenciamento de custos. Mas, como disse, é, ainda assim, um sonho alcançado, ou seja, um recomeço de vida. Nossas vidas são medidas pela quantidade de sonhos que realizamos e que nos fazem felizes. Isso gera energia para a nossa vida, e é por isso que sempre agradeço e celebro minhas conquistas.

Vou voltar bem rápido ao desafio de gerenciamento da área financeira do seu negócio. Geralmente, o treinador consegue cobrir os custos e guardar de 60% a 80% do ganho líquido, reinvestindo 40% a 20%, respectivamente. Mas esses 60% a 80% não se trata de guardar o lucro para um momento de crise, e sim porque é importante ter dinheiro para multiplicar dinheiro. Quanto mais você guardar, mais conseguirá multiplicá-lo. Isso o ajudará bastante na administração do sonho de ter o próprio instituto.

14.

A PIVOTAGEM

Desde 2009 até 2020, o comercial do meu instituto funcionou 95% off-line, com dezenas de vendedores realizando o trabalho de divulgação e vendas. Os 5% que usávamos na internet eram apenas para divulgar as palestras de captação, que eram todas presenciais. Com a pandemia de covid-19, percebi que deveríamos começar uma nova era de marketing e, o mais importante, pivotar a maioria de nossos produtos para o on-line.

Não foi uma decisão fácil, pois sabia que transformações fluíam melhor no processo presencial, mas tive de tomá-la. Seria preciso, então, reestruturar meu modelo mental, ou seja, passar a acreditar que um produto de forte impacto emocional no meio digital também poderia ser capaz de realizar o mesmo tipo de transformação na vida das pessoas. No início, isso apenas ficou no âmbito da mentalidade. Sim, eu consegui conduzir esse processo, porém, ainda não sabia bem como promover uma experiência profunda nas pessoas.

Em abril de 2020, iniciei um trabalho com meus alunos treinadores que faziam parte do grupo de alta performance, o *Fire*. Comuniquei que teríamos uma estratégia nova de marketing e entregas no ambiente on-line. Convencê-los da ideia foi muito desafiador, porque suas crenças em relação a isso eram, em sua maioria, limitantes. Quebrar essas crenças foi árduo, até porque eu mesmo lidei com algumas delas. Contudo, da mesma maneira que eu pude mudar meu *mindset*, eles também poderiam!

Antes de explicar a você os passos que nos levaram a ter resultados incríveis no on-line, quero que saiba quais eram as crenças limitantes dos treinadores em relação àquela mudança. Analise a lista a seguir e perceba quais delas também são suas. Então, pense em soluções para mudar seu modo de pensar e sentir, e, assim, entrar com tudo como treinador no mundo digital.

CRENÇAS QUE IMPEDIAM TREINADORES DE ATUAREM NO AMBIENTE ON-LINE

- Transformação profunda só é possível no evento presencial;
- Não me sinto confortável diante de câmeras;
- Minha imagem na internet não é persuasiva como nos palcos presenciais;
- Tenho poucos seguidores nas redes sociais;
- Estou fora de forma;
- Não tenho equipe de internet;
- Não tenho um *set* de filmagem adequado;
- Travei com a pandemia;
- As pessoas estão sem dinheiro;
- A economia do país está devastada;
- Meu/Minha companheiro/companheira não apoia;
- Internet dá muito trabalho;
- As empresas pararam de contratar treinamentos presenciais;

- Não sei como começar;
- E se eu colocar meu produto e não aparecer ninguém?!;
- Tenho medo do julgamento;
- Tenho medo da rejeição;
- Não me sinto bom como os outros;
- Já existem muitos excelentes treinadores posicionados na internet, não há espaço para mais ninguém.

E aí o jogo começou! Crenças atrás de crenças foram derrubadas. *Sets* foram montados, luzes posicionadas, câmeras ligadas, *slides* na tela, tudo pronto... Clique... Começou a transmissão on-line, ao vivo, agora! E assim, desde abril de 2020, estamos evoluindo e crescendo. Hoje me deparo com dezenas de treinadores alunos meus que começaram do zero e, em menos de um ano, passaram a gerar uma receita de, no mínimo, seis dígitos por mês.

O JOGO DA INTERNET

Eu me lembro de uma entrevista que Bill Gates, em 1995, deu para David Letterman sobre o que seria a internet.[34] O entrevistador estava indignado por não entender como, de fato, a internet poderia ser diferente da TV ou do rádio. Gates respondeu que na internet você poderia adquirir conhecimento no seu tempo, o que não acontecia na TV, que impõe os horários dos programas. Letterman ainda contra-argumenta com a ideia de que então tudo ficaria gravado, a internet seria um simples gravador. Hoje, ao ouvirmos esse papo, conseguimos entender o quanto era turva a funcionalidade da internet no passado.

Atualmente, David Letterman, que apresentou seu *talk show* por décadas na televisão, está usufruindo ao máximo da internet com

---

34   BILL Gates on Late Show, November 27, 1995 (full, stereo). 2018. Vídeo (20min04s). Publicado pelo canal Don Giller. Disponível em: https://www.youtube.com/watch?v=jgLiCNgR-FZ8. Acesso em: 22 set. 2021.

seu programa *O Próximo Convidado* em uma gigante do *streaming*, a Netflix. Incrível!

E você? Já parou para pensar sobre como a internet pode contribuir com a sua missão? Para tanto, é importante conhecer as diferenças e semelhanças entre a TV e a internet. Primeiro vou abordar as semelhanças, para que você leve isso para o seu negócio.

TV *VERSUS* INTERNET [SEMELHANÇAS]

Marketing de dois passos

A principal semelhança é a maneira de gerar audiência para depois realizar a divulgação do produto. A TV sempre fez marketing de dois passos, isto é, marketing de conteúdo. O primeiro passo é oferecer conteúdo, seja de entretenimento (como transmissão de jogos de futebol, novelas, programas de humor), seja de informação (como telejornais e entrevistas). Depois de prender a atenção das pessoas, vem a propaganda. Quanto mais interessante é o programa ou a apresentação, maior a conexão com a audiência e, consequentemente, maior será o poder de conversão dessas pessoas em clientes. Assim, o primeiro passo é atrair o maior número de pessoas para assistirem ao programa, e depois executar o segundo passo, que é ofertar um produto.

Experiência

Quanto maior a experiência oferecida pelo programa, maior será a fidelidade da audiência. Outros elementos que geram engajamento são: qualidade do conteúdo, estrutura diferenciada, o poder de comunicação e persuasão do apresentador, as plataformas nas quais serão transmitidas e o *onboarding* dos clientes nessas plataformas.

Apresentador

O apresentador do programa cria confiança em relação ao produto. As pessoas estão acostumadas a confiar em um representante, seja de um produto ou de uma empresa, assim como acontece com Silvio Santos, Jô Soares, Fausto Silva, Luciano Huck, Xuxa, Angélica, Steve Jobs, Bill Gates, Walt Disney, Jack Ma, Elon Musk, Jeff Bezos etc. Recomendo que você, treinador, prepare-se para ser esse representante. Com o tempo, você solidifica seu posicionamento e a sua autoridade.

TV *VERSUS* INTERNET [DIFERENÇAS]

On demand

A TV impõe horários em sua programação, e muitos programas não são passados novamente – em alguns casos, a reprise nem faz sentido, como é o caso de um jogo de futebol, por exemplo. Hoje em dia, pessoas com menos de 25 anos costumam assistir por demanda, ou seja, *on demand*. Elas assistem quando querem, em um momento mais oportuno para elas.

Nesse caso, em lançamentos realizados pela internet há uma prática estratégica de não permitir que o conteúdo em vídeo (como o do YouTube) fique à disposição para ser assistido depois. Isso acontece para que a participação das pessoas no ao vivo seja valorizada. Por trás dessa estratégia também está a venda desse conteúdo em uma plataforma exclusiva.

Uma apresentação ao vivo gera bastante autoridade a quem está conduzindo o evento/programa. Afinal, o gravado passa por edições que encobrem inúmeras imperfeições. Recomendo, então, que o treinador realize muitas ações ao vivo para se destacar dos demais.

Na internet, deve-se manter também diversos conteúdos de modo gratuito, seja no YouTube, Instagram, Facebook, Telegram etc.

Público

A TV aberta fala com um público geral, não sabemos quem são essas pessoas. Isso não acontece na TV fechada, pois muitos canais são destinados a um público específico, como ocorre com os de esporte, por exemplo – provavelmente, quem os assiste são os mais jovens.

Na internet, é possível selecionar o público, tanto em idade, como em sexo, região, interesses etc. Há ferramentas específicas para que atinjamos determinado público e também para que não atinjamos outro público. Um vídeo seu abordando um tema no qual você é autoridade atrairá as pessoas que se interessam por você e por seu conteúdo. Esse vídeo será compartilhado pelos seus seguidores e, assim, alcançará contas que antes não atingia. Você também pode investir em divulgação paga para que esse vídeo alcance ainda mais gente. Passado um tempo da exposição do vídeo, então, você verifica as informações de visualização dele. Você, assim, saberá qual é o perfil dessas pessoas, ou seja, do seu público.

> ## UM VÍDEO SEU ABORDANDO UM TEMA NO QUAL VOCÊ É AUTORIDADE ATRAIRÁ AS PESSOAS QUE SE INTERESSAM POR VOCÊ E POR SEU CONTEÚDO.

Além de um ótimo conteúdo, atraia também o público com o seu carisma. Conecte-se com os seus seguidores.

Redes sociais

As redes sociais proporcionam diferentes níveis de vínculo, dependendo do tipo de produto oferecido. Em relação a desenvolvimento pessoal, as principais hoje são YouTube, Instagram e Facebook. Para quem é treinador no segmento corporativo, o LinkedIn é muito útil.

Um exemplo de rede que não é tão voltada para o desenvolvimento humano é o TikTok. Por ora, essa rede está mais para diversão do que para armazenar conteúdos de capacitação. É importante frisar que redes sociais estão em constante mudança. Daqui algum tempo, assim, o TikTok pode se tornar algo diferente do que é hoje.

OS SETE PILARES DOS TREINADORES DE SUCESSO NA INTERNET

1. Paixão = ação + drama

Em geral, os filmes de ação são definidos como sendo repletos de movimento, mas com roteiro raso; e os filmes de drama são enfadonhos na ação e profundos no roteiro.

Seja um treinador que mescle bem os dois elementos em sua comunicação e narrativa. Preocupe-se em ser profundo nos conteúdos e ter força nas palavras e gestos.

2. Ser imprevisível

Surpreenda a sua audiência sendo imprevisível. Nada mais sem graça do que roteiros de filmes que apresentam o mesmo de sempre. Há algo importante nas histórias para ser o *plot twist* – que é um ponto surpreendente no roteiro. Algo que a audiência não esteja esperando. Faça o mesmo, apresente uma reviravolta, algo inesperado. Pode ser por meio de uma dinâmica, um presente ou uma novidade.

3. Criar empatia com audiência (rapport)

É fácil apontar tudo o que está errado na vida das pessoas, criticar a falta de atitude delas ou mesmo impor-lhes verdades. Esse é o papel do vilão. Os treinadores têm, em sua imagem, a presença de um herói, que mostra suas verdades com exemplos e ações. O herói só é herói porque é capaz de se colocar no lugar do outro e entender suas dores. Para demonstrar força, seja um herói "casca-grossa" como o Batman ou a Capitã Marvel e evite ser o vilão.

4. Manter a energia

Já vi muitos treinadores permitindo sua energia esvair-se. Às vezes, algo da vida pessoal interfere negativamente na apresentação. Ou o público do evento é menor do que o esperado. Se esse for o caso, lembre-se de que as pessoas presentes merecem toda a sua atenção e energia. Elas confiaram em você e se dispuseram a ouvi-lo. Então, seja intenso, tenha "sangue nos olhos" e paixão no coração enquanto lhes ensina e transforma a vida delas.

5. Manter o humor e expor suas vulnerabilidades

Aproveite uma situação que lhe tenha acontecido e traga o holofote da brincadeira para você mesmo. Tenha coragem de mostrar suas vulnerabilidades para transparecer que você é real, humano como todas as pessoas que estão ali. Evite se mostrar como um guru sem defeitos, pois esse tipo de atitude talvez engane alguns por um tempo, mas nunca enganará a todos o tempo todo.

6. Autenticidade e veracidade

Compartilhe suas vulnerabilidades, mas cuidado para não exagerar. Alguns treinadores contam histórias mirabolantes que mais parecem ficção aos ouvidos da audiência, e isso acaba mostrando uma imagem egocêntrica e arrogante do treinador. Ao mesmo tempo, somente compartilhar histórias dolorosas e muito dramáticas passará uma impressão de vitimismo.

Vou lhe apresentar uma técnica que o ajudará a apresentar histórias de modo que faça o público se conectar a ela e a você. Após definir sua história, não a conte como você a vê. Em vez disso, escolha algumas pessoas próximas que conheçam essa história e a conte de acordo com o ponto de vista dessas pessoas. Vou dar um exemplo.

Certa vez, compartilhei em um evento um fracasso meu. Antes, eu me preparei. Contei a situação pelo ponto de vista de diversas pessoas do meu convívio para uma única pessoa. Assim, contei a mesma história do ponto de vista do meu irmão, da minha mãe, da minha avó, do meu pai e de um amigo. Quem ouviu todas essas versões me disse quais as melhores partes narradas por cada "personagem". Assim, depois no evento, compartilhei a história com o meu público usando as partes mais interessantes de cada arquétipo. Experimente!

7. Iconografia

Na PNL, âncora representa os gatilhos acionados por meio dos sentidos sensoriais. Ela é a responsável por fazer uma pessoa recordar um evento ou até mesmo mudar seu estado emocional. Um exemplo: sempre que um piloto de Fórmula 1 vence uma corrida, a Rede Globo toca a música "Tema da Vitória", composição do maestro Eduardo Souto Neto[35]. Você, provavelmente, associou-a a Ayrton Senna, e isso deve remetê-lo a determinada época, lembrando-se de pessoas e momentos específicos, criando um sentimento de nostalgia em você. A iconografia representa a mesma ideia, de tal modo que a audiência o identifique por meio de uma ou mais músicas, jargões e imagens. É você ter a sua "assinatura" em termos visuais e sonoros.

Visual
Vestimenta
Para que você entenda que tipo de vestimenta um treinador usa, preciso voltar aos arquétipos principais que representam esse profissional. São eles: herói, mago e mentor. Dentre esses três, o mais marcante é o arquétipo do herói.

No caso dos homens, os treinadores se vestem de maneira menos formal, tendendo ao esporte fino. É preciso ter cuidado para não exagerar. A camiseta pode ser uma básica na cor preta, como Geronimo

---

35   TEMA DA VITÓRIA. *In*: WIKIPÉDIA. Disponível em: https://pt.wikipedia.org/wiki/Tema_da_Vit%C3%B3ria. Acesso em: 9 set. 2021.

Theml usa, ou uma polo, como Tony Robbins utiliza, ou ainda uma do tipo combate, como eu gosto de vestir. A calça pode ser um jeans como Geronimo e Tony Robbins vestem ou uma calça que jogadores de golfe usam, que é o meu caso. O calçado pode ser um tênis ou um sapatênis, evitando cores muito vivas.

Eu busquei me diferenciar com a minha vestimenta. Nenhum outro treinador no Brasil veste uma camiseta de combate e uma calça de golfe. Assim, quando alguém visualiza essa imagem, já sabe que é o Lyouman.

Pensando na imagem, também passei a usar barba. Em 2013, nenhum treinador tinha barba. Hoje em dia, inúmeros treinadores a usam. Você deve estar se perguntando: "Por que a barba, Marcelo?!". Porque ajuda na imagem do herói "casca-grossa", no estilo Wolverine, Thor, Doutor Estranho, Aquaman e Homem de Ferro. A inspiração vem de outros filmes, personagens e outras séries também.

No caso das mulheres, as treinadoras podem usar um conjunto de blazer, com uma blusa fina por baixo, e calça. Ou somente uma blusa fina com calça ou saia comprida. Busque no Google pela expressão *business woman dressing style* e surgirão várias opções do que vestir. Não exagere nas cores, mas procure um contraste, por exemplo, blazer escuro com blusa clara. O cabelo pode ser usado solto.

Set de transmissão

Escolha um lugar (pode ser em sua casa mesmo) e o prepare para ser o seu *set* de filmagem e transmissão. Evite utilizar elementos que lembrem uma sala de aula, mas escolha aqueles que remetam a um ambiente de estudo, com prateleira cheias de livros, plantas, TV para passar *slides* e pontos de luz no fundo. Alguns alunos meus, para simplificar o cenário, produziram uma lona com o nome do produto e um design estilizado para colocar de fundo. Ficou excelente.

Você vai precisar dos seguintes equipamentos para gravação ou transmissão ao vivo de sua apresentação:

- Iluminação do apresentador, que pode ser *softbox* ou lâmpadas LED;
- Computador exclusivo para a transmissão;
- Outro computador para apresentação de *slides*;
- Webcam de alta resolução;
- *Flipchart* para utilizar como lousa;
- Aplicativo de transmissão para YouTube (recomendo o Streamyard) e para vídeo conferência (recomendo o Zoom).

Isso é um *set* básico, mas que funciona muito bem. Caso deseje algo ainda maior, recomendo realizar suas transmissões em estúdios profissionais.

Auditiva

Escolha músicas âncoras para cada tipo de evento. Se o seu canal do YouTube está monetizando, use músicas *royalty free* (que são fáceis de serem encontradas na internet), pois, se usar as com direitos autorais, seu vídeo não monetizará. Tenha o mesmo cuidado em outras redes sociais.

Crie também jargões próprios (palavras ou frases) para que as pessoas os relacionem a você. Isso gerará maior conexão com a sua audiência. Vale até escolher um *emoji* para utilizar como assinatura em seus textos.

ENTRANDO NO JOGO

As pessoas ditam o ritmo e o jogo na internet, é um ambiente orgânico em que as mudanças ocorrem com rapidez. Nessa realidade, é preciso saber como abordar certos assuntos. Você pode decidir ser polêmico, posicionando-se sobre determinados temas, ou então se restringir a apenas apresentar o seu conteúdo. Quando um treinador escolhe opinar sobre um assunto, deve saber que parte do seu público

COMPARTILHE SUAS VULNERABILIDADES, MAS CUIDADO PARA NÃO EXAGERAR.

talvez o abandone (ainda mais se for contrária à sua opinião). Por outro lado, isso atrairá pessoas conectadas àquele tema e, assim, seu crescimento será mais rápido – afinal, as polêmicas se espalham nas redes sociais. Não se posicionar sobre algo, porém, manterá a entrada aberta para pessoas de todas as opiniões. Esse é o meu caso. Não falo sobre religião, futebol, política etc. Meu papel é ajudar pessoas independentemente de suas escolhas. E apresentar o conteúdo tradicional, sem polêmicas para impulsionar as postagens, é um desafio. Mas é possível crescer apresentando um conteúdo relevante, tendo disciplina, foco, persistência e consistência nas redes sociais.

Redes sociais

Para iniciar a divulgação de um conteúdo relevante no mundo do desenvolvimento pessoal, as melhores redes são o YouTube, Instagram e Facebook.

YouTube

O YouTube será a plataforma na qual você adicionará vídeos médios e longos, em forma de aulas, treinamentos, workshops, palestras etc. Não é o lugar ideal para dicas rápidas, mas onde as pessoas poderão consumir um conteúdo mais profundo. A frequência dos vídeos postados também é importante: dois a três vídeos semanais é o indicado. Defina também em quais dias os vídeos subirão à plataforma – desse modo, a audiência passa a ser condicionada, gerando maior visibilidade. Além de vídeos editados, faça *lives* e depois as deixe gravadas no seu canal.

Nos vídeos, chame o público para a ação (*call to action*, em inglês). Peça às pessoas que se inscrevam no canal, curtam o vídeo, compartilhem com amigos e acionem as notificações para serem avisadas de novos conteúdos.

Você também usará o YouTube para transmitir as aulas de um lançamento.

Instagram

O Instagram é uma das redes sociais mais completas. Nele você encontra múltiplas funções e, quanto mais utilizá-las, mais a rede social perceberá que você é relevante e, assim, entregará mais seus conteúdos aos seus seguidores.

As ferramentas de postagens do Instagram são:

- *Feed* – lugar de postagens de fotos e carrosséis de fotos, vídeos curtos de até 60 segundos, prévias de vídeos longos;

- *Reels* – vídeos mais curtos de 30 ou 60 segundos (dependendo da conta). Essa ferramenta lhe permite criar uma edição especial com diversas partes de vídeos, tornando o produto final mais dinâmico e divertido;

- IGTV – é o espaço para vídeos de longa duração. Você pode compartilhar um vídeo já pronto ou abrir uma live e, no final, direcioná-la para o IGTV;

- *Lives* – esse recurso lhe permite começar uma transmissão ao vivo para conversar com sua audiência, ministrar uma aula, palestra, workshop. Você pode, inclusive, convidar mais pessoas para participar compartilhando a tela. Atualmente é possível a presença de até quatro pessoas de modo simultâneo em uma live;

- *Stories* – aqui você pode compartilhar o seu cotidiano, tanto da sua vida pessoal quanto da profissional. Publique seu *life style* e os bastidores do seu trabalho. As pessoas gostam de acompanhar esse tipo de conteúdo.

Assim como no YouTube, também faça *call to action* em suas postagens. Outra dica é: tudo o que você publica no Instagram pode ser compartilhado no Facebook – aproveite esse recurso!

DIVULGAÇÃO MASSIVA

O lançamento de um produto é o tipo de divulgação mais eficiente na internet. E esse lançamento pode ser realizado de diversas maneiras diferentes. Lanço meus produtos na internet desde 2014, e as mudanças acontecem todo mês. Vou lhe apresentar o método que tenho aplicado ultimamente, o que me fez faturar oito dígitos nos últimos sete anos.

A estratégia

Oferecer às pessoas um produto gratuito, no qual você ofertará o seu próximo produto. O gratuito será apresentado em três ou quatro aulas, normalmente no período da noite. Deve ser apresentado um conteúdo relevante, que atraia o público. Além disso, você precisará usar alguns elementos que solidificarão a venda do seu próximo produto; são eles:

Seedings

Ou seja, falar sobre o seu produto em forma de exemplos, histórias, depoimentos de clientes ou até mesmo realizar um sorteio dele como motivo para explicar seus pormenores. Os seedings devem acontecer em todas as aulas até o instante do pitch de vendas. Se for sortear um produto, que seja apenas uma unidade dele, na primeira ou na segunda aula.

Expor as dores

As dores do seu público deverão ser repetidas constantemente ao longo das aulas para que, no dia do pitch de vendas, o seu produto apareça como a salvação, a solução dessas dores.

Pitch

O pitch de vendas poderá ser feito no último dia do evento, ou seja, na última aula. Mas desde a primeira aula você deve deixar claro que apresentará uma oportunidade. Na penúltima, costumo fazer um pitch completo para criar expectativa nas pessoas.

A *superpromessa*

Durante o pitch de vendas, explicite qual é a superpromessa do seu produto, o que ele soluciona. Invista um tempo para que essa promessa fique clara e o mais tangível possível. A promessa não deve gerar dúvidas no cliente ou ser subjetiva. Precisa ser clara, objetiva e concreta.

ANÚNCIOS

Divulgação

Você anunciará o evento gratuito nas redes sociais (Instagram, Facebook e YouTube). Faça uma postagem a ser compartilhada de modo orgânico e também crie os anúncios pagos para alcançar outras pessoas além dos seus seguidores. Prepare anúncios estáticos com as informações de data, horário e nome do evento bem visíveis, além de vídeos explicando o evento. Sugiro sete chamadas para o evento. Insira um link/botão para que a pessoa possa se inscrever gratuitamente. Ao clicar nele, ela será direcionada à página de inscrição, isto é, a página de captura.

Página de captura

A página de captura conterá todas as informações sobre o evento gratuito, desde seu conteúdo até a superpromessa. Nessa página, também deve ser exibido um formulário para que o interessado preencha com nome, e-mail e telefone (particularmente, não costumo mais solicitar o número de telefone, pois há certa resistência das pessoas em informá-lo).

O e-mail informado será o nosso meio de comunicação com o inscrito, inclusive para lembrá-lo do início do evento. Após a inscrição, a pessoa será direcionada para outra página, a de agradecimento pela inscrição.

Disparo de e-mails

Assim que a pessoa se inscreve, informando o próprio e-mail, uma mensagem de boas-vindas lhe é encaminhada, já comunicando lembretes sobre o evento.

Página de agradecimento

É onde você agradece ao inscrito pela confiança depositada em você e no seu evento. Mas é importante adicionar um *plus* aqui. Nessa página, a pessoa realizará mais um passo para completar sua inscrição: clicará em um link para garantir a participação em um grupo VIP no WhatsApp. É importante instigar o inscrito a participar do grupo, pois esse é o meio mais eficiente de comunicação com a pessoa – afinal, a cada dia que passa, menos se lê e-mails.

Grupo de WhatsApp

Assim que o grupo encher, compartilhe com seus participantes detalhes do evento. A partir desse grupo cheio (pelo limite que o aplicativo permite), crie um novo para as próximas pessoas que se inscreverem. Evite enviar muitas mensagens. Seja moderado. Mas também não se esqueça de lembrar as pessoas do seu evento.

AUTOMATIZAÇÃO DO PROCESSO

Em início de carreira, os números são mais discretos, o que lhe permite realizar muitas ações manualmente. No entanto, recomendo que já se prepare para adquirir ferramentas de automatização que o ajudarão no processo, economizando o seu tempo.

Plataforma de criação de páginas

No mercado, há milhares de plataformas de criação de páginas. Inclusive, algumas oferecem tutoriais para aprender como criar uma página do zero ou a partir de *layouts* semiprontos. Desde 2014, utilizo a plataforma Lead Lovers e a recomendo.

Plataforma de disparo de e-mails

Você também precisará criar uma esteira pronta de disparo de e-mails – não só do e-mail de boas-vindas, como também dos demais com os detalhes do evento. Recomendo, novamente, a plataforma Lead Lovers, que unifica várias ferramentas.

Gerenciamento de grupos de WhatsApp

Imagine você ter de criar cada grupo toda vez que um encher?! No mercado, há inúmeros aplicativos que o ajudarão a gerenciar grupos de WhatsApp. O que recomendo é o DevZap. Com essa ferramenta, você poderá mudar imagem e descrição dos grupos, incluir administradores e agendar todas as mensagens necessárias.

Ativação por ligação telefônica

Hoje em dia, quase ninguém mais fala por telefone. Assim, ligar para as pessoas as surpreenderá. No entanto, o objetivo aqui é chamar a atenção delas para o seu evento, pois é muito comum que se esqueçam dele ou desistam de participar. A taxa de comparecimento em evento gratuito costuma ser 15% do total de inscritos.

Há algumas ferramentas que realizam ligações com uma mensagem gravada. Recomendo o Ligue Lead. Nele, é possível adicionar os números de telefone e enviar SMS ou ligar para esses contatos. E é simples: basta exportar a conversa de cada grupo de WhatsApp e fazer o upload desse arquivo na ferramenta, que vai separar os dados necessários e, assim, adicionar apenas os números de telefone.

Utilizo esse recurso nas seguintes ocasiões: no primeiro dia de aula, no horário do almoço, avisando os inscritos do início do evento; e no dia seguinte ao do pitch de vendas, comunicando às pessoas que o produto está à venda.

Avisos de lembretes

Encaminho e-mails, mensagens nos grupos de WhatsApp, faço postagens nas redes sociais e anúncios pagos a partir de cinco dias antes do início do evento. Trabalho da seguinte maneira:

- Faltam 5 dias
- Faltam 4 dias
- Faltam 3 dias
- Faltam 2 dias
- É amanhã!
- Começa hoje! Aula 1!
- Hoje, aula 2!
- Hoje, aula 3!
- Hoje, aula 4!
- Inscrições abertas!
- Amanhã encerram as inscrições!
- Último dia de inscrição!
- Últimas horas de inscrição!

Plataformas de vendas

A venda pela internet tem de acontecer da maneira mais prática possível. Hoje, temos à disposição muitas ferramentas que facilitam o recebimento de valores. Recomendo a Hotmart e a Eduzz para vendas on-line, pois seus servidores comportam grande número de vendas simultâneas.

CONCLUSÃO

A TRÍADE E O DIAMANTE

Chegamos ao final da nossa conversa.

Na parte I deste livro, conversamos sobre a missão de um treinador, como você pode se transformar em um. Além disso, falamos sobre o mundo de treinamentos, listando as armadilhas a serem evitadas nesse mercado.

Na parte II, descrevemos quais conhecimentos são imprescindíveis para que você cause um alto impacto em seu público. Vimos também que tais conhecimentos só fazem sentido se a missão estiver bem resolvida.

Na parte III, abordamos o *Método rise* de realizar eventos a fim de acelerar e consolidar sua transição à nova vida de treinador de alto impacto. Seguindo esse modelo, você não cairá nas armadilhas tão comuns desse mercado, da "roda de hamsters" à areia engolideira.

CONCLUSÃO • 205

As três partes correspondem aos três elementos da tríade da alta performance, a qual comparei, no início deste livro, a uma viagem entre Santos e Angra dos Reis. O paralelo traçado relacionava um viajante que faz esse percurso a pé, de carro ou de avião ao treinador que investe só na missão, na missão e nos conhecimentos, ou em todos os três elementos anteriores (missão, conhecimentos e *Método rise*). Além de ter paixão por transformar pessoas e saber fazer isso, você tem de manejar o negócio. Quanto deseja lucrar com um evento? Vinte mil reais, 50 mil reais? Você precisa controlar os custos de acordo com essa meta. Ficou claro que o treinador que conseguir operar nos três ambientes de terra, mar e ar estará na rota do sucesso de modo muito mais incisivo.

Para terminar, quero fazer um exercício com você. Imagine como será sua vida se você conseguir ser um treinador que alcançou a tríade da alta performance. Visualize-se em cima do palco – presencial ou digital –, com um microfone, fazendo um trabalho maravilhoso, de modo escalável, e transformando vidas. Depois, imagine as pessoas o agradecendo por ter sido tão importante na vida delas e de suas famílias, por ajudá-las a viver melhor.

Como você se sentirá? Se a resposta for "muito bem, obrigado", lembre-se de que existem dois caminhos para essa imagem se tornar real: um mais difícil e um mais possibilitador. Neste livro, abordamos o possibilitador, mas também realista.

Sei que há dores a serem enfrentadas, como o medo inconsciente do sucesso, de não se sentir preparado, de subir no palco, de não saber operar o comercial e outros tantos. E proponho uma solução para cada um deles – eu mesmo senti esses medos e tive de descobrir como lidar com eles. A minha descoberta foi solitária, na prática, o que atrasou minha jornada. É muito melhor descobrir rápido, com alguém o orientando.

É claro que ser um treinador bem-sucedido não é algo que aconteça "da noite para o dia". Leva tempo e não é uma ação trivial. Muitas pessoas terão de mudar de carreira. Algumas procrastinam começar essa mudança, outras até iniciam, mas não a levam até o fim. Eu mesmo procrastinei por um bom tempo. Como disse, decidi trabalhar com desenvolvimento humano em 2002, mas só comecei a fazê-lo efetivamente em 2009.

O que tenho visto acontecer repetidas vezes é que chega um momento em que não há mais a opção de procrastinar ou desistir. As pessoas sofrem uma pressão muito forte da família e dos amigos que já compraram o sonho também, e aí iniciam o projeto.

Antes de terminar, compartilho uma história real que pode ajudar você a tomar sua decisão, independentemente de pressões externas.

ERA UMA VEZ, UM DIAMANTE

Um famoso negociante de diamantes de Nova Iorque, Harry Winston, ouviu falar de um rico comerciante holandês que estava procurando certa espécie de diamante para acrescentar à sua coleção. Winston telefonou para ele, disse-lhe que acreditava ter a pedra perfeita e convidou-o a vir até Nova Iorque para examiná-la. O colecionador voou até lá e Winston designou um vendedor para encontrá-lo e mostrar-lhe o diamante.

Quando o vendedor apresentou o diamante ao comerciante, descreveu a dispendiosa pedra, destacando todas as suas excelentes características técnicas. O comerciante escutou-o e elogiou a pedra, mas recusou-a dizendo: "É uma pedra maravilhosa, mas não é exatamente aquilo que procuro".

Winston, que ficou observando à distância a apresentação, deteve o comerciante a caminho da porta e perguntou: "Importa-se se eu lhe mostrar aquele diamante mais uma vez?". O comerciante concordou e Winston mostrou-lhe a pedra. Porém, em vez de falar nas características técnicas, Winston falou espontaneamente a respeito da sua genuína admiração pelo diamante e de sua rara beleza.

Inesperadamente, o comerciante mudou de ideia e comprou o diamante. Enquanto esperava que o diamante fosse embalado e entregue, o comerciante voltou-se para Winston e perguntou: "Por que comprei de você, quando não tive nenhuma dificuldade para dizer não ao seu vendedor?". Winston respondeu: "Aquele vendedor é um dos melhores no mercado e conhece bem mais a respeito de diamantes. Eu lhe pago um bom salário por aquilo que sabe. Mas eu teria prazer em pagar-lhe o dobro se pudesse incutir nele algo que tenho e ele não: ele conhece diamantes, mas eu sou apaixonado por eles".[36]

Ser um treinador de desenvolvimento humano é muito mais que uma profissão. Não é algo que se faça por ego, fama, nem mesmo por dinheiro. A razão pela qual escolhemos esse caminho tem de ser apenas uma: amor. Ser treinador é a nossa missão. E é essa paixão que vai diferenciá-lo dos demais. Muitas pessoas hoje não sabem receber ou dar amor. Estão muito envolvidas em seus problemas e suas rotinas. Suando apenas para se manterem vivas. Penso nas famílias destruídas, nos relacionamentos desfeitos, nas carreiras arruinadas porque as pessoas não sabem lidar com suas emoções. Em momentos assim, tenho a certeza da minha paixão e missão de treinador!

O mundo precisa de nós, muitas pessoas estão quebradas emocionalmente. Eu, sozinho, posso transformar milhares de pessoas, mas juntos, somos mais fortes: podemos transformar milhões de vidas. A terra está seca, e eu conto com você para fazermos chover nesse deserto e mudarmos o mundo, tornando-o um lugar incrível de se viver. Que este livro seja a centelha que incendeia o seu coração e motive você a começar já a sua jornada.

Um grande abraço,

Marcelo Lyouman

---

36   O VENDEDOR de diamantes. **Elevato consultoria empresarial** [s. d.]. Disponível em: http://www.elevatoconsultoria.com.br/Textos/6/o-vendedor-de-diamantes. Acesso em: 10 set. 2021.

Este livro foi impresso pela gráfica Rettec
em papel pólen bold 70g em outubro de 2021.